KB070320

사라져가는 장소들의 지도

Atlas of Vanishing Places

First published in 2019 by White Lion Publishing
an imprint of The Quarto Group.
Text © 2019 Travis Elborough
Maps by Martin Brown

사라져가는 장소들의 지도

Atlas of Vanishing Places

트래비스 엘버러 지음
성소희 옮김

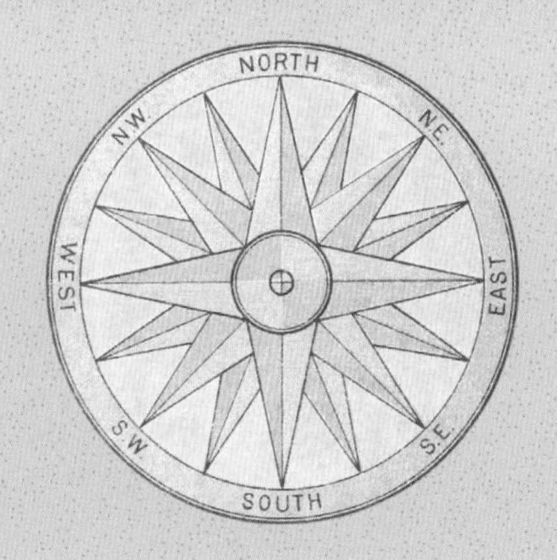

N

잃어버린 세계와 만나는
뜻밖의 시간여행

한겨레출판

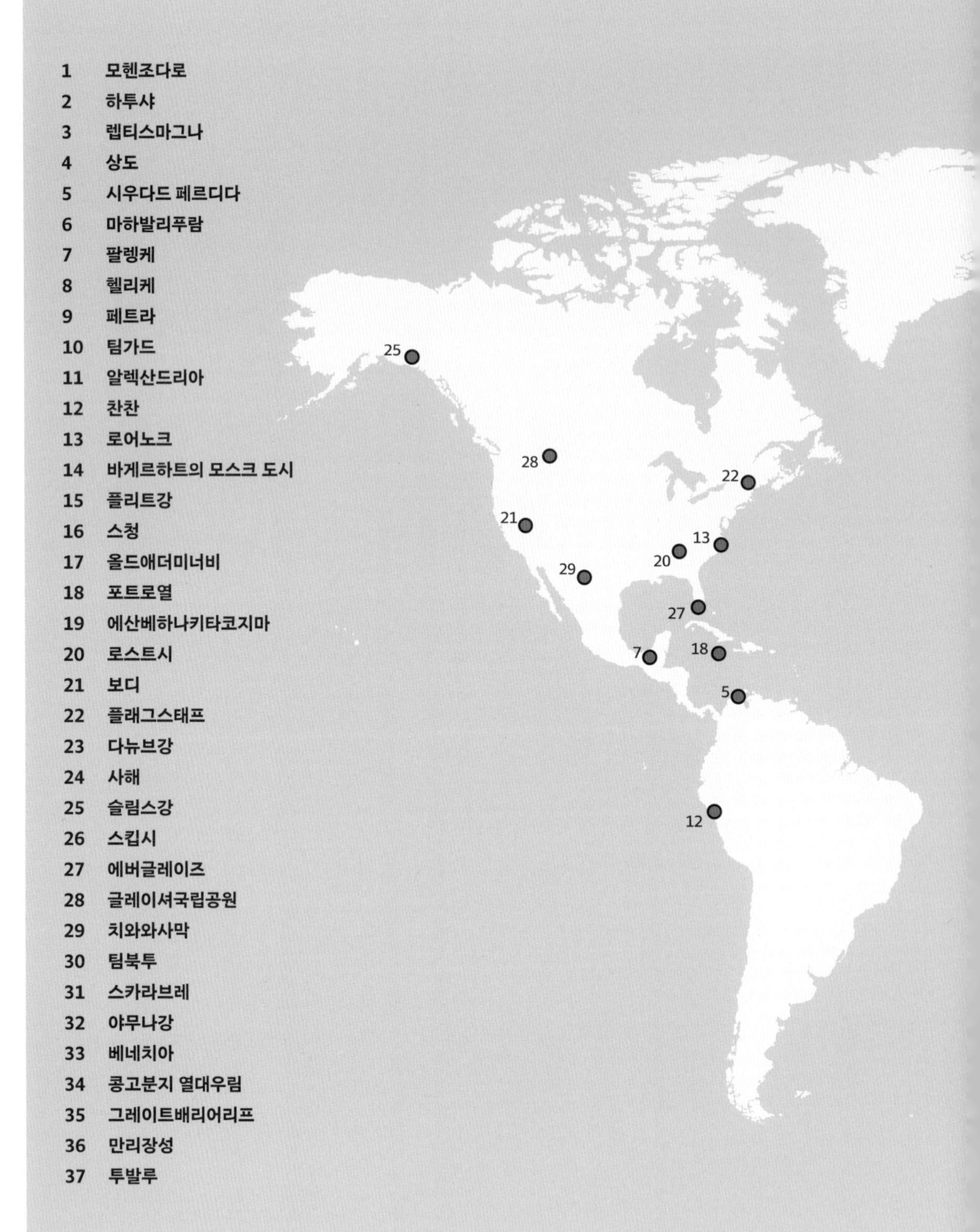
1 모헨조다로
2 하투샤
3 렙티스마그나
4 상도
5 시우다드 페르디다
6 마하발리푸람
7 팔렝케
8 헬리케
9 페트라
10 팀가드
11 알렉산드리아
12 찬찬
13 로어노크
14 바게르하트의 모스크 도시
15 플리트강
16 스청
17 올드애더미너비
18 포트로열
19 에산베하나키타코지마
20 로스트시
21 보디
22 플래그스태프
23 다뉴브강
24 사해
25 슬림스강
26 스킵시
27 에버글레이즈
28 글레이셔국립공원
29 치와와사막
30 팀북투
31 스카라브레
32 야무나강
33 베네치아
34 콩고분지 열대우림
35 그레이트배리어리프
36 만리장성
37 투발루
25
28
22
21
13
20
29
27
7
18
5
12

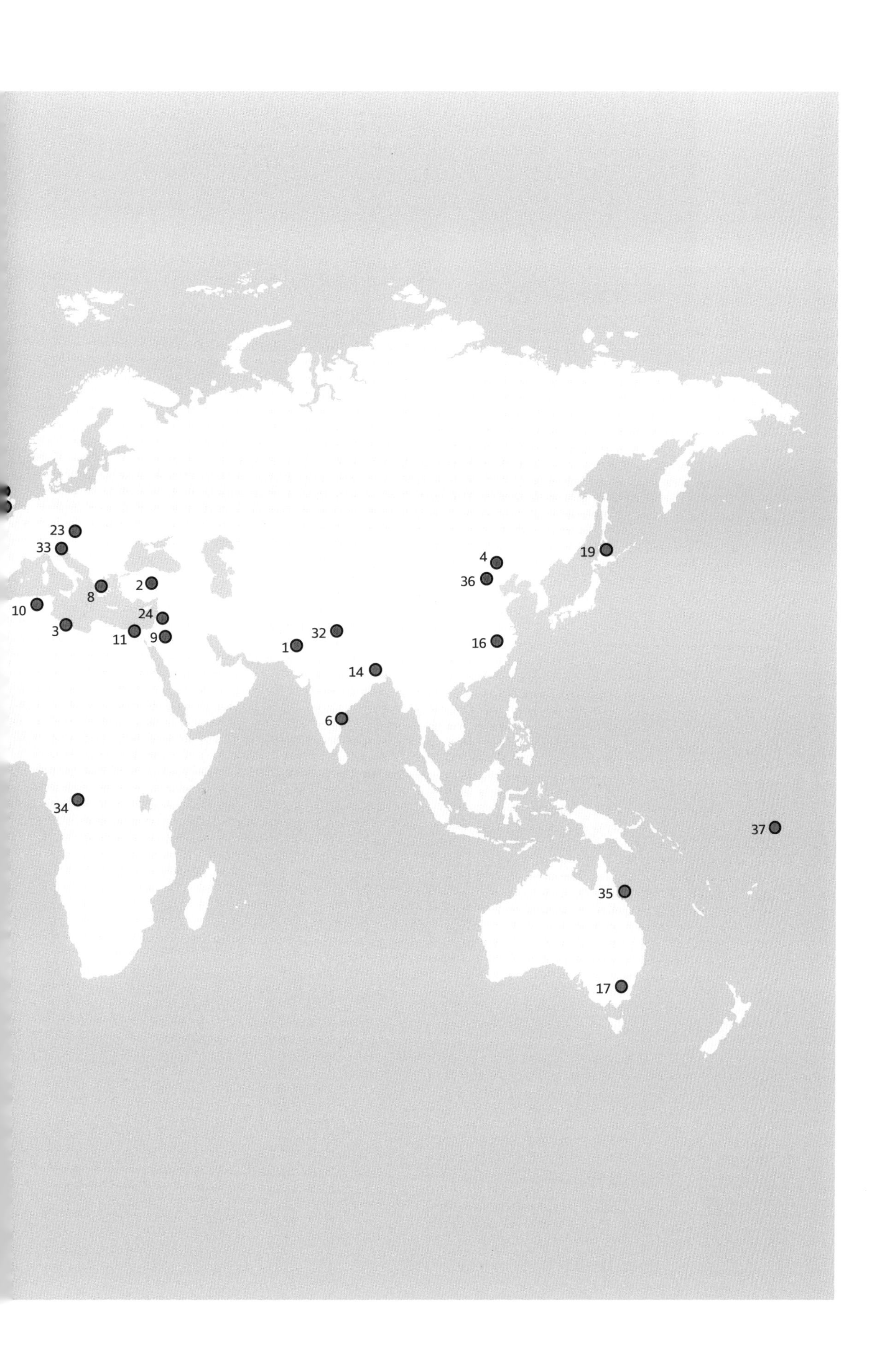
23
33
19
4
36
2
8
10
24
32
3
11
9
1
16
14
6
34
37
35
17

8 서문

고대 도시

12 **모헨조다로**MOHENJO-DARO • 파키스탄
16 **하투샤**HATTUSA • 터키
20 **렙티스마그나**LEPTIS MAGNA • 리비아
26 **상도**XANADU • 몽골·중국
34 **시우다드페르디다**CIUDAD PERDIDA • 콜롬비아
40 **마하발리푸람**MAHABALIPURAM • 인도
44 **팔렝케**PALENQUE • 멕시코
50 **헬리케**HELIKE • 그리스
54 **페트라**PETRA • 요르단
64 **팀가드**TIMGAD • 알제리
68 **알렉산드리아**ALEXANDRIA • 이집트

잊힌 땅

78 **찬찬**CHAN CHAN • 페루
82 **로어노크**ROANOKE • 미국
90 **바게르하트의 모스크 도시**THE MOSQUE CITY OF BAGERHAT • 방글라데시
94 **플리트강**RIVER FLEET • 영국
99 **스청**LION CITY • 중국
104 **올드애더미너비**OLD ADAMINABY • 호주
109 **포트로열**PORT ROYAL • 자메이카
116 **에산베하나키타코지마**ESANBEHANAKITAKOJIMA • 일본
120 **로스트시**THE LOST SEA • 미국
124 **보디**BODIE • 미국
129 **플래그스태프**FLAGSTAFF • 미국

사그라지는 곳

138 **다뉴브강** RIVER DANUBE • 유럽

144 **사해** THE DEAD SEA • 요르단·이스라엘

150 **슬림스강** SLIMS RIVER • 캐나다

154 **스킵시** SKIPSEA • 영국

160 **에버글레이즈** THE EVERGLADES • 미국

위협받는 세계

170 **글레이셔국립공원** GLACIER NATIONAL PARK • 미국

176 **치와와사막** CHIHUAHUAN DESERT • 멕시코·미국

180 **팀북투** TIMBUKTU • 말리

184 **스카라브레** SKARA BRAE • 영국

190 **야무나강** YAMUNA RIVER • 인도

194 **베네치아** VENICE • 이탈리아

200 **콩고분지 열대우림** THE CONGO BASIN RAINFOREST • 콩고민주공화국

206 **그레이트배리어리프** THE GREAT BARRIER REEF • 호주

210 **만리장성** THE GREAT WALL • 중국

214 **투발루** TUVALU • 남태평양

218 참고문헌

224 이미지 출처

227 감사의 글

228 찾아보기

서문

'없어지다' 또는 '사라지다' '존재하지 않게 되다'를 의미하는 영어 단어 'vanish'는 고대 프랑스어 'esvanir'에서 유래했다. 이 옛 프랑스어의 뿌리는 라틴어 'evanescere(증발하다)', 보통 액체가 없어지는 현상을 설명하는 단어다. 이 책의 뿌리는 아마 필자의 전작《별난 장소들의 지도(Atlas of Improbable Places)》일 것이다. 필자는 이 책에서 우즈베키스탄 아랄해의 소멸을 다루었다. 한때 아랄해는 세계에서 네 번째로 큰 내해(內海)였다. 가자미와 메기, 염수 잉어가 가득했고, 소비에트연방 전역에서 소비하는 물고기의 6분의 1이 이곳에서 잡혔다. 그런데 1950년대에 이 지역의 주요 강인 아무다리야와 시르다리야의 물길을 돌려서 면화 재배지에 농업 용수를 대겠다는 결정이 내려졌다. 그 결과 아랄해로 들어오는 물의 양이 급격하게 줄었다. 1960년부터 1996년 사이 아랄해의 수위는 거의 16미터나 낮아졌다. 2007년이 되자 면적은 기존의 10퍼센트로 줄어들었다. 물고기가 떼지어 노닐고 트롤선이 소금기 어린 물결에 흔들리던 곳은 메마른 소금 사막으로 변해버렸다. 모래벌판 대부분은 유독한 오염물질로 뒤덮였다. 아랄해가 되살아날 희망은 거의 없다. 이곳의 비극적 운명은 인간이 지역 환경에 고의로 개입한 결과다. 아랄해는 극단적인 예시이긴 하지만, 인간이 지구에 미치는 광범위한 영향을 잘 보여준다. 우리가 화석 연료에 의존하고 희귀한 천연자원을 개발하면서 전 세계에 가한 해악의 증거는 명백하며, 과학적으로 반박할 수 없다. 기후 변화 탓에 해수면이 상승하고 풍경이 사라지거나 심각하게 훼손되고 있다. 필자는 이미 사라졌거나 현재 사라지고 있는 풍경들을 일종의 지명 사전인 이 책에 담았다.

이 책에서는 과거의 지도에서 지워진 반쯤 잊힌 장소들이 다시 모습을 드러낸다. 그곳들은 대체로 옛 모습의 그림자이거나 단순한 폐허로 나타난다. 그림자든 폐허든, 여전히 이 장소들은 사라진 문명과 사회를 상징한다. 이 장소들이 사라졌다는 사실은 먼 훗날 이어질 발굴과 부활에 앞서 꼭 필요한 본질이다. 이를 통해 우리는 수 세기 넘도록 무엇을 얼마나 많이 놓치고 있었는지 알아차릴 수 있다.

우리는 오래된 지도를 보며 옛 조상들이 넘나들던 길을 따라 더는 존재하지 않는 도시와 왕국과 제국으로 시간여행을 떠날 수 있다. 어느 지역이 남긴 유일한 유물이 지도일 때도 있다. 그 지역의 정확한 좌표는 오늘날 우리가 인식 가능한 세상의 그 어디에도 들어맞지 않는다. 또한, 지도는 애도의 수단이 될 수도 있다. 우리는 안타깝고 고통스러운 마음으로 지도를 읽으며 스러진 지역을 꼼꼼하게 살펴보고, 되살려낼 수 없는 옛 장소와 주민을 기억한다.

보통 우리는 갈 곳을 정하기 위해 지도를 본다. 지도는 새롭고 색다르고 흥미로운 곳, 더 나은 음식과 날씨와 풍경이 기다리는 곳으로 떠나는 출발점이다. 인터넷으로 무장한 우리는 한때 전혀 알려지지 않았던 유혹적인 장소를 얼마든지 찾아낼 수 있다. 그래서 버려진 채 누구의 발길도 닿지 않아 으스스한 공간을 향한 열망이 더욱 거세졌다. 이제 시간과 공간의 거리는 과거 지도에서 상상도 할 수 없었던 수준으로 왜곡된다. 구글 어스 같은 디지털 지도에서는 전 세계가 서로 연결되었다는 감각이 뚜렷하게 느껴진다. 그런데 현재 지구는 엄청나게, 절박하게 취약하다. 쇠락한 건물과 도시는 사진을 찍어 인스타그램에 올릴 만큼 매력적으로 보이지만, 이상하게도 온라인에서는 실제 현실이 감지되지 않는 것 같다. 우리가 휙휙 넘겨보는 휴대전화 화면은 세상을 더 많이 보여주지만, 지구가 점점 위태로워진다는 진실을 가릴 수도 있다. 디지털 방식으로 장소에 접근할 수도 있지만, 손으로 만질 수 있는 종이에는 풍경과 지역에 대한 조사가 뒤따른다. 우리는 인쇄된 글과 사진을 통해 상황에 따라 변하거나, 논란이 분분하거나, 유별나거나, 완전히 뜻밖인 풍경과 지역을 알 수 있다. 물론 슬프고 우울한 미래가 기다리는 장소도 만날 수 있다. 이 책이 추구하는 이상은 지구에서 살아가는 존재의 변덕스러움을 일깨우는 한편, 우리가 미래 세대를 위해서 소중한 것들을 얼마나 긴급히 보존해야 하는지 경고하는 것이다.

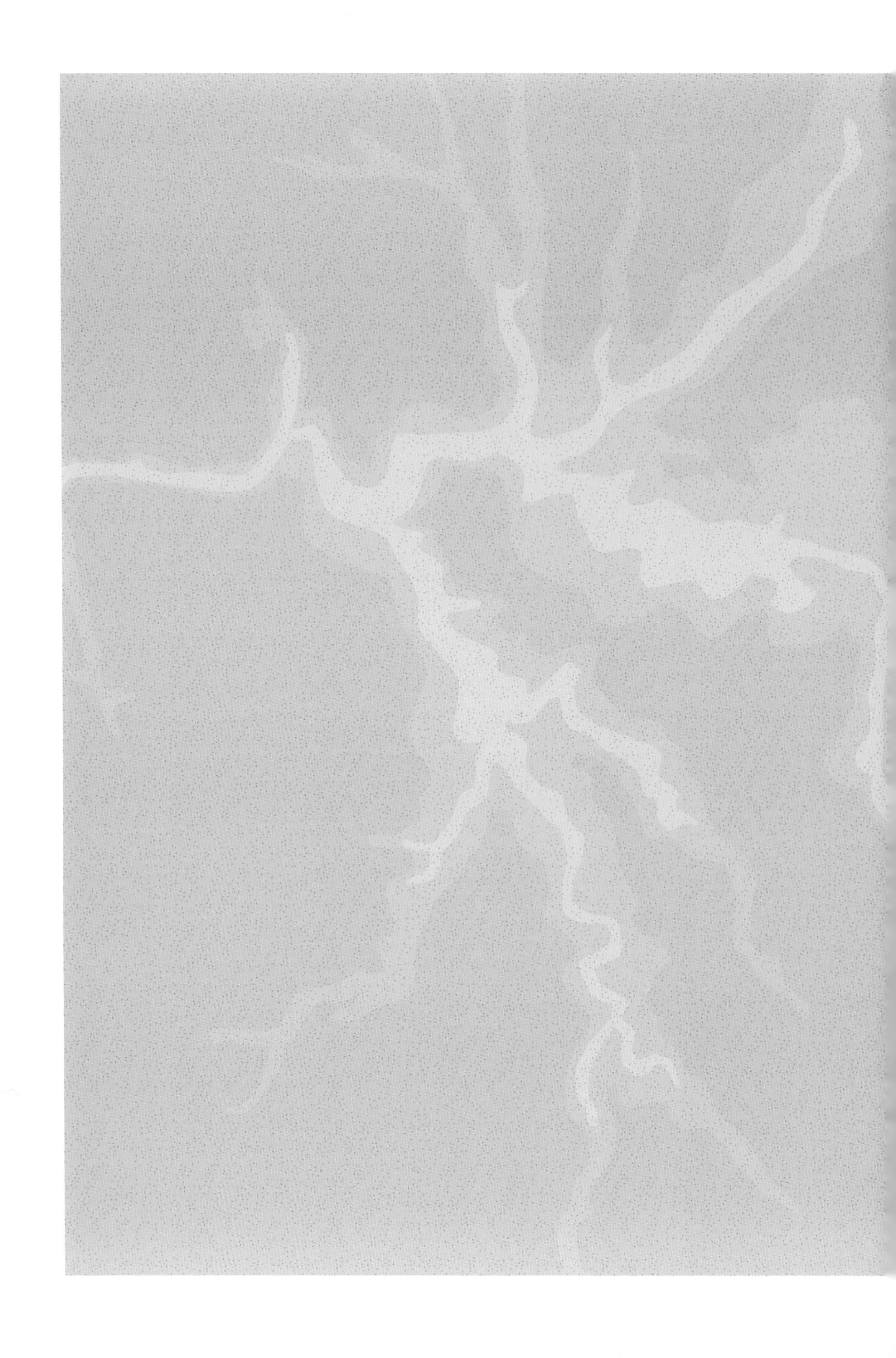

고대 도시

ANCIENT CITIES

모헨조다로

파키스탄

북위 32° 38' 13.8" / 동경 14° 17' 37.4"

1920년대, 인도고고학연구소Achaeological Survey of India의 고고학자 R.D. 바네르지가 오늘날 파키스탄 남부의 신드주 북부 지역에서 인더스강 기슭의 유적지를 발굴하기 시작했다. 그때까지만 해도 세상은 이집트문명이나 이웃한 메소포타미아문명에 맞먹을 만한 고대 문명의 존재를 전혀 모르고 있었다. 그보다 한 세기 전에는 찰스 매슨이라는 영국 탐험가가 이 지역에서 수수께끼 같은 벽돌 더미를 발견했다. 훗날 밝혀졌듯이 이 더미는 하라파라는 사라진 도시의 일부였다. 하지만 매슨은 이곳을 더 파고 들어가지 않았다. 1850년대에는 이 지방에 철로를 깔던 기술자들이 불가사의한 석조물을 보았지만, 선로 공사를 방해하는 애물단지로 여겼다. 실리적이고 실용적인 사고방식을 지녔던 그들은 서슴지 않고 벽돌을 기념품으로 챙기거나 다른 건설 현장에 가져다 썼다. 하지만 바네르지와 동료들은 과학적이고 체계적인 근대 고고학 발굴 방식을 개척하고 이집트 왕가의 계곡에서 투탕카멘 무덤을 발굴한 선구자 하워드 카터를 본받았다. 그들은 이 기이한 벽돌들에 수많은 사람의 처음 추측과 달리 뭔가가 더 있으리라고 짐작했다. 그 직감이 옳다는 사실이 곧바로 드러났다.

발굴팀이 자취를 찾아낸 사라진 도시는 하나가 아니라 둘이었다. 바로 하라파와 더 큰 형제 도시 모헨조다로다. 모헨조다로라는 이름은 '죽은 자의 언덕'이라는 뜻으로 풀이된다. 이 도시는 5킬로미터 주위로 뻗어 있다는 사실이 마침내 밝혀졌으며, 기원전 2500년에서 기원전 1700년 사이에 인더스강 옆에서 대단히 발전하고 번성한 문명의 중심지로 여겨진다. 여러 인공 언덕과 불에 구운 벽돌 건물들이 질서정연한 격자 구조에 따라 배열되어 있다. 정교한 배수 시설도 있고, 가장 커다란 언덕은 거대한 공중목욕탕도 자랑한다. 놀라운 수준의 위생적인 도시 계획을 보여주는 모헨조다로는 각종 편의 시설을 갖춘 4,500년 전의 대도시였다.

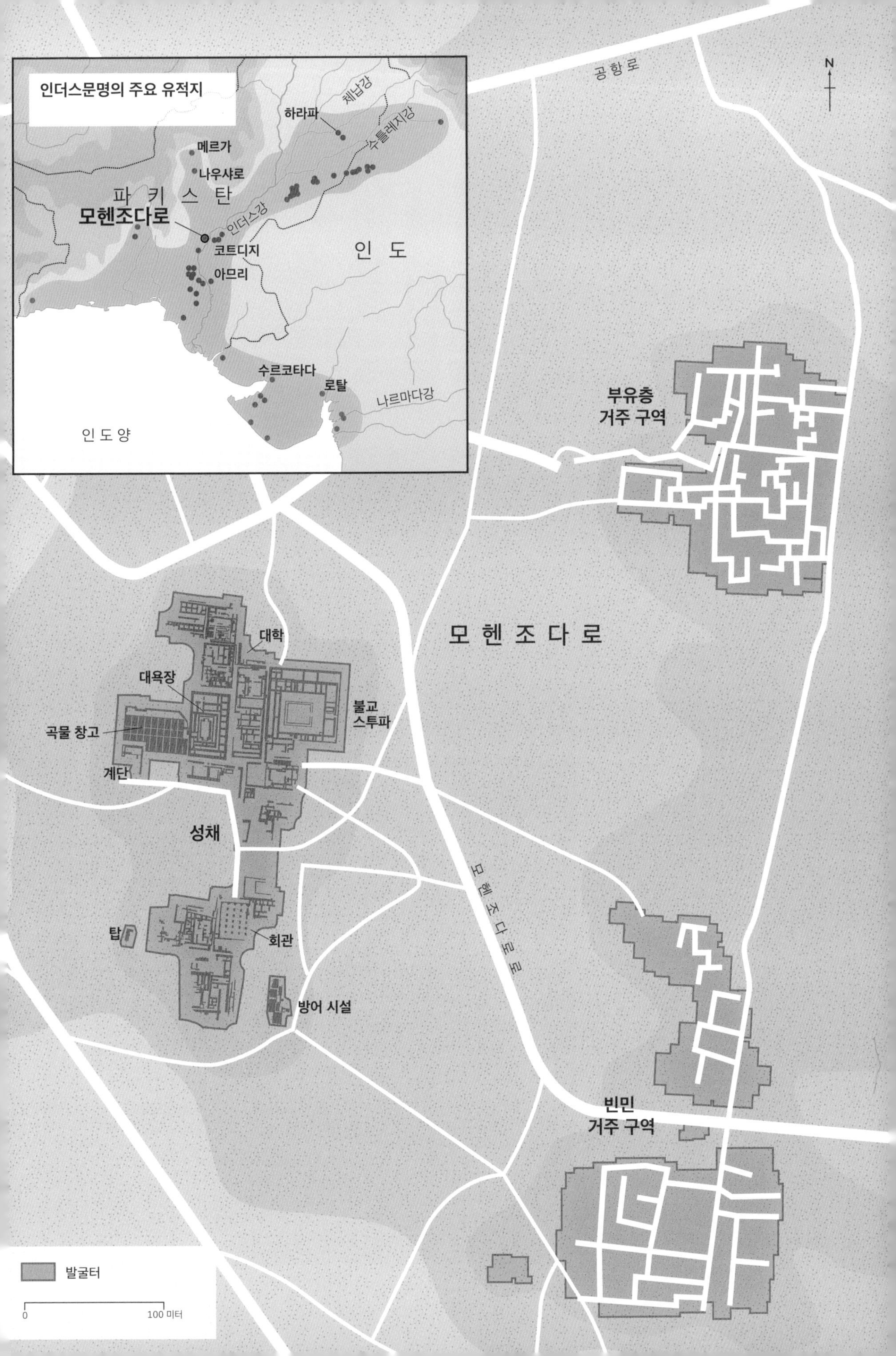

인더스문명의 주요 유적지
체납강
하라파
수틀레지강
메르가
나우샤로
파 키 스 탄
모헨조다로
인더스강
코트디지
인 도
아므리
수르코타다
로탈
나르마다강
인도양
공항로
N
부유층
거주 구역
모 헨 조 다 로
대학
대욕장
불교
스투파
곡물 창고
계단
성채
모헨조다로로
탑
회관
방어 시설
빈민
거주 구역
발굴터
0
100 미터

이 도시를 건설하고 다스린 사회는 분명히 청결과 위생에 주의를 기울였다. 모헨조다로 시민은 틀림없이 아주 부유했다. 건물들의 규모뿐 아니라 풍부한 도기, 황금과 청금석, 상아 공예품, 섬세하게 깎아서 만들고 부서진 부분을 복구한 조각상을 보면 알 수 있다. 하지만 그들은 고대 세계의 이웃들만큼 지나칠 정도로 야단스러운 허식을 좋아하지는 않았다. 이곳에서는 으레 있어야 할 위풍당당한 성과 사원이 없다는 사실이 눈에 띈다.

고고학계와 인류학계는 모헨조다로 사람들이 정말로 어떠했는지 여전히 갈피를 잡지 못하고 있다. 이 문명이 정확히 어떻게, 왜 웅장한 도시들을 그토록 오랫동안 내버려둔 채 완전히 끝났는지도 당연히 알 수 없다. 모헨조다로의 으스스한 유적 중에는 폭력적 사건이 한 차례 벌어져 도시 한복판에서 죽음을 맞은 것으로 보이는 유골 44구도 있다. 그런데 이 유골들의 사망 원인은 아마 절대 알 수 없을 것이다. 한때는 도시가 대홍수에 잠겼다는 이론이 널리 받아들여졌지만, 요새는 대개 잘못된 것으로 여겨진다. 어떤 사람들은 인더스강의 물길이 급격하게 바뀌면서 도시가 쇠퇴했을 것이라고 믿는다.

오른쪽 : 파키스탄 신드주의 모헨조다로 고고학 유적지.

아래 : 모헨조다로 유적에서는 중요한 발굴 작업이 이루어졌으며, 이곳은 1980년에 유네스코 세계문화유산으로 지정되었다.

하투샤

터키

북위 40° 00' 39.1" / 동경 34° 36' 56.9"

히타이트로 알려진 위대한 민족은 히브리인의 타나크Tanakh(구약 성경) 전체에 걸쳐 언급된다. 종종 히타이트는 유대 민족과 그들의 신에 맞서는 적수, 성가시기는 하지만 상대할 만한 맞수로 그려진다. 그런데 19세기까지만 해도 고대를 연구하는 역사학자들이 참고할 자료는 이렇게 성서에 띄엄띄엄 등장하는 언급뿐이었다. 히타이트인은 히브리인을 제외한 다른 민족 필경사들의 관심을 모조리 피해간 것 같았다. 중동 지역 또는 지중해 전역에 있었던 히타이트제국은 분명히 광대했지만, 마치 부서진 도자기 파편처럼 남은 것이 별로 없었다. 히타이트는 아무런 흔적도 없이 사라진 듯이 보였고, 과연 히타이트가 정말로 존재했는지 하는 의심이 끈질기게 이어졌다. 아시리아와 바빌로니아처럼 강력하다고 일컬어졌던 민족이 어떻게 온데간데없이 사라진 것일까? 히타이트는 그저 가나안 사람들이 착각한 결과이거나 탈무드 서기가 서투르게 펜이나 끌을 놀린 결과가 아니었을까?

하지만 나폴레옹 군대가 1799년에 이집트에서 로제타석을 발견하면서 히타이트제국이 실존했다는 주장에 힘이 실렸다. 로제타석은 이집트 상형문자를 해독하는 열쇠였다. 아울러 고대 이집트의 문헌에 히타이트와 벌인 싸움에 관한 기록이 흩어져 있다는 사실도 밝혀졌다. 어느 기록은 이집트 람세스 2세와 히타이트 하투실리스 3세의 군대가 기원전 1279년경에 오늘날의 시리아와 레바논 국경 지대에서 특히나 격렬한 전투를 치렀다고 이야기했다. 이집트의 기록이 자기중심적일 수 있다고 해도, 히타이트 민족이 발전하고 강성했으며 너른 중근동 땅을 뒤덮는 나라

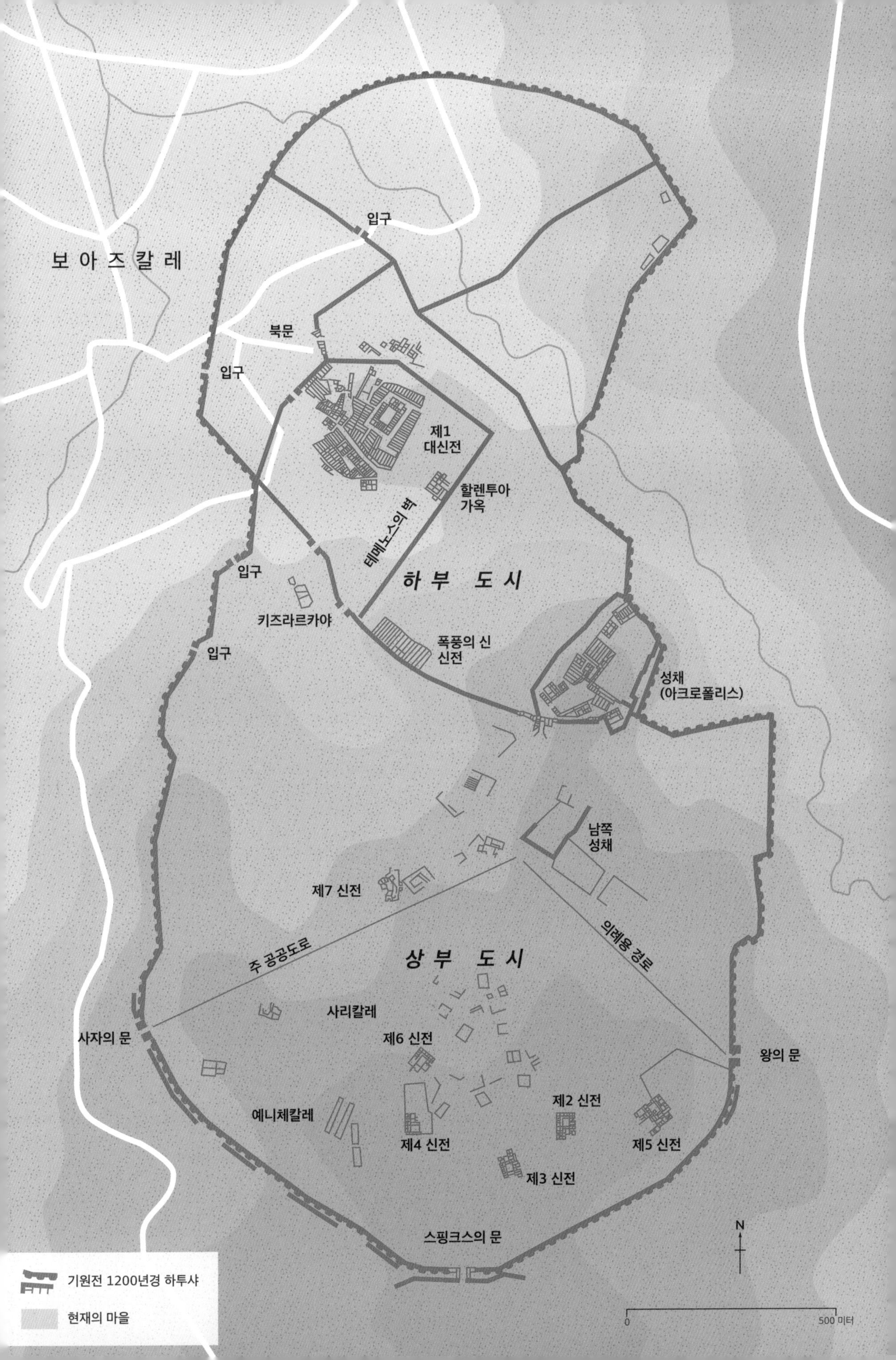

보 아 즈 칼 레
입구
북문
입구
제1
대신전
할렌투아
가옥
테메노스의 벽
입구
하 부 도 시
키즈라르카야
입구
폭풍의 신
신전
성채
(아크로폴리스)
남쪽
성채
제7 신전
주 공공도로
상 부 도 시
의례용 경로
사리칼레
사자의 문
제6 신전
왕의 문
제2 신전
예니체칼레
제4 신전
제5 신전
제3 신전
스핑크스의 문
N
기원전 1200년경 하투샤
현재의 마을
0
500 미터

왼쪽 : 고고학자 후고 빙클러가 히타이트제국의 수도 하투샤로 확인한 유적지.

오른쪽 : 도시 입구 중 한 곳을 지키는 사자의 문.

를 세웠다는 데는 의심할 여지가 없었다. 솔직히 말해서, 히타이트 민족의 흔적이 전혀 없는 상태에서 이집트의 기록은 히타이트의 완전한 소멸을 훨씬 더 불가사의하게 만들 뿐이었다.

다행히도 1834년에 프랑스의 건축가 겸 고고학자인 샤를 텍시에가 터키 아나톨리아 지방에서 탐험에 나섰다. 텍시에는 현대 터키의 수도 앙카라에서 동쪽으로 160킬로미터쯤 떨어진 보가즈쾨이Boghaskoy(보아즈칼레)에서 틀림없이 굉장한 도시였을 거대한 폐허를 찾아냈다. 1.6킬로미터 정도 떨어진 야질리카야Yazilizaya에서는 규모가 더 작은 신전 또는 성소 유적도 발견했다. 텍시에는 이 발견의 의미가 완전히 알려지기도 전에 세상을 떴다. 하지만 독일 고고학자 후고 빙클러가 수십 년 동안 물리적·지적 작업에 매진한 끝에 그 폐허가 이전에는 짐작만 할 수 있었던 히타이트제국의 중심지, 하투샤라는 사실을 비로소 확실히 밝혀냈다.

고고학 증거는 하투샤 정착이 기원전 6000년대까지 거슬러 올라간다고 가리킨다. 탄소 흔적에 따르면 히타이트인은 기존에 있던 도시가 불타고 남은 잔해 위에 수도를 건설했다. 먼저 들어선 도시는 청동기 초기에 세워졌고, 기원전 1700년경에 완전히 타버렸다. 학계는 히타이트의 대도시가 기원전 1190년경에 해양 민족으로 알려진 약탈자들의 손에 같은 운명을 맞았다고 오랫동안 믿었다. 그러나 최근 연구는 당시에 도시가 이미 일부 버려졌으며, 하투샤가 그렇게 갑작스럽고 폭력적인 사건으로 종말을 맞은 것이 아니었음을 암시한다. 다만 하투샤는 히타이트 역사 속 다양한 시기에 적대 세력의 공격을 받았다. 기원전 1400년경 침략으로 하마터면 파괴될 뻔했다는 사실도 확실했다. 이후 도시는 두 배로 확장되고 재건되었다. 8킬로미터 넘게 뻗어나간 거대 요새가 새로 지어졌다. 탑이 늘어선 방어 외벽도 추가로 생겨났다. 도시 입구는 웅장한 돋을새김 조각으로 장식되었다. 이렇게 화려한 예술 장식은 복원된 몇몇 벽의 문을 가리키는 이름이 되었다. 문은 조각의 모양에 따라 사자의 문, 스핑크스의 문, 전사 신의 문이라고 불린다.

전성기 면적이 1.65제곱킬로미터나 되었던 하투샤는 고대 세계에서 가장 큰 도시 가운데 하나였다. 도시는 더 오래된 '하부 도시'와 나중에 도시 확장으로 생겨난 '상부 도시'로 나뉘어 있다. 하부 도시에서는 왕궁과 성채, 날씨의 신 혹은 폭풍의 신에게 바친 가장 신성한 사원이 눈에 띈다. 후속 발굴에서 모습을 드러낸 상부 도시에도 신전이 최소한 26곳 더 있다.

히타이트인은 종교에 충실했을 뿐만 아니라 문자도 향유했다. 19세기 말에 하투샤에서 출토된 점토판 수천 개에는 독특한 상형문자가 새겨져 있다. 히타이트 문자는 아시리아와 바빌로니아, 페르시아에서 사용한 쐐기 문자와 비슷하지만, 점토판이 발굴될 당시에는 세상에 전혀 알려지지 않았다. 훗날 문자가 해독되자 이 문서 기록은 히타이트제국의 역사와 사회, 이집트 같은 숙적과 맺은 관계를 상세히 설명해주었다. 하지만 하투샤가 어떻게 그리고 왜 멸망했는지, 한때 그토록 강성했던 하투샤 주민이 어떻게 되었는지는 여전히 미지로 남아 있다.

렙티스마그나

리비아

북위 32° 38' 13.8" / 동경 14° 17' 37.4"

페니키아인은 비범한 뱃사람으로 유명하다. 바다의 신 얌Yamm을 기린 그들은 말 머리로 장식한 커다란 배를 몰았고, 뛰어난 해상 지식으로 무장해 전설로 남을 만한 항해에 성공했다. 아울러 선체가 좁고 앞이 휜 배와 알파벳, 보라색 염료를 발명한 것으로 유명하다. 아마 유리 제품도 만들어냈을 것이다. 길들인 고양이를 유럽으로 들여오기도 했다. 페니키아 선원들은 고양이가 쥐를 잡는 데 뛰어나다는 사실을 알아채고 쥐잡이 용으로 배에 태워서 이탈리아와 그 너머로 데려갔다. 페니키아 세계는 현대 시리아와 레바논, 이스라엘 북부의 지중해 연안에 들어선 다양한 독립 도시국가들로 이루어졌다. 하지만 페니키아의 상품은 머나먼 북쪽 영국에서도 발견되었다. 고대 로마제국에서 가장 번성했던 도시 가운데 하나인 렙티스마그나는 기원전 7세기에 'Lpqy'라는 이름의 페니키아 교역소에서 출발했다.

렙티스마그나는 북아프리카 지중해 해안, 오늘날 리비아의 와디레브다Wadi Lebda 입구에 있다. 바다 건너편에는 이탈리아와 몰타가 있다. 이 무역 기지는 사막을 건너는 카라반의 이동 경로에 접근할 수 있는 곳이기도 해서 페니키아인의 마음을 사로잡았다. 와디레브다의 항구를 둘러싼 정착지는 페니키아의 중요 도시로 성장했으며, 더 나중에 카르타고제국의 영토로 편입된 듯하다. 그러나 당시 페니키아인이 이곳에서 거둔 상업적·건축적 성취도 뒤이은 로마 시절과 비교하면 빛을 잃고 만다. 더욱이 로마 시대에 도시 개발이 층층이 반복되면서 페니키아인이 지어 올린 건축물은 대개 아무런 흔적도 없이 깔리고 말았다.

지 중 해

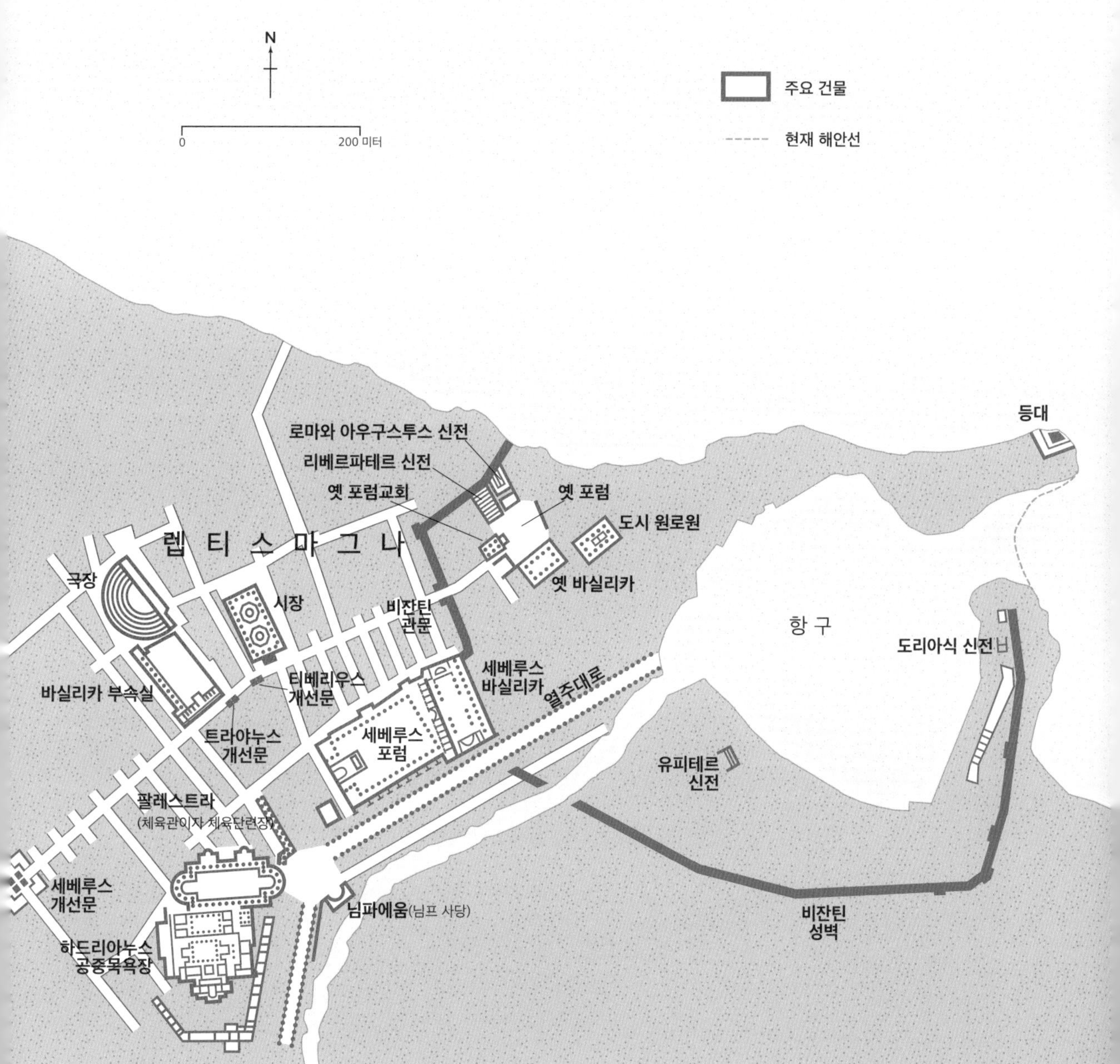
N
0
200 미터
주요 건물
현재 해안선
로마와 아우구스투스 신전
리베르파테르 신전
옛 포럼교회
옛 포럼
도시 원로원
등대
렙 티 스 마 그 나
극장
시장
비잔틴
관문
옛 바실리카
항 구
도리아식 신전
세베루스
바실리카
열주대로
티베리우스
개선문
바실리카 부속실
트라야누스
개선문
세베루스
포럼
유피테르
신전
팔레스트라
(체육관이자 체육단련장)
세베루스
개선문
님파에움(님프 사당)
비잔틴
성벽
하드리아누스
공중목욕장

렙티스마그나는 로마제국의 첫 번째 황제 아우구스투스(재위 기원전 27~서기 14) 때부터 로마의 해외 속주인 아프리카 총독 통치령에 포함되었다. 여전히 무역항이기는 했지만, 점차 농업, 특히 올리브유 생산으로 더 잘 알려지기 시작했다. 올리브 산지라는 명성은 날이 갈수록 극적으로 드높아졌다. 항구의 배후 지역인 렙티스마그나는 대체로 반사막지대인 주변과 달랐다. 기름진 토양은 올리브나무가 자라기에 더없이 알맞았고, 비가 내리지 않을 때 작물에 물을 댈 수 있는 와디wadi(우기에만 물이 흐르는 사막 개울—옮긴이)도 여러 군데 있었다. 렙티스마그나는 올리브유 덕분에 깜짝 놀랄 만큼 부유해졌다. 올리브유는 황제뿐 아니라 노예의 식단에서도 빼놓을 수 없는 주요 지방이었고, 몸을 씻는 비누의 원료였고, 어둠을 밝힐 등불의 연료였다. 로마 세계는 올리브유를 듬뿍 칠하고 매끄럽게 굴러갔다. 렙티스마그나항구는 엄청난 양의 올리브유를 로마제국 곳곳으로 수출했다.

결국 렙티스마그나는 북아프리카에서 가장 로마화한 도시로 발돋움했다. 부유한 상류층은 제국 수도에서 누리는 갖가지

아래: 렙티스마그나의 극장. 고대 그리스와 로마의 극장 요소를 모두 갖추었다.

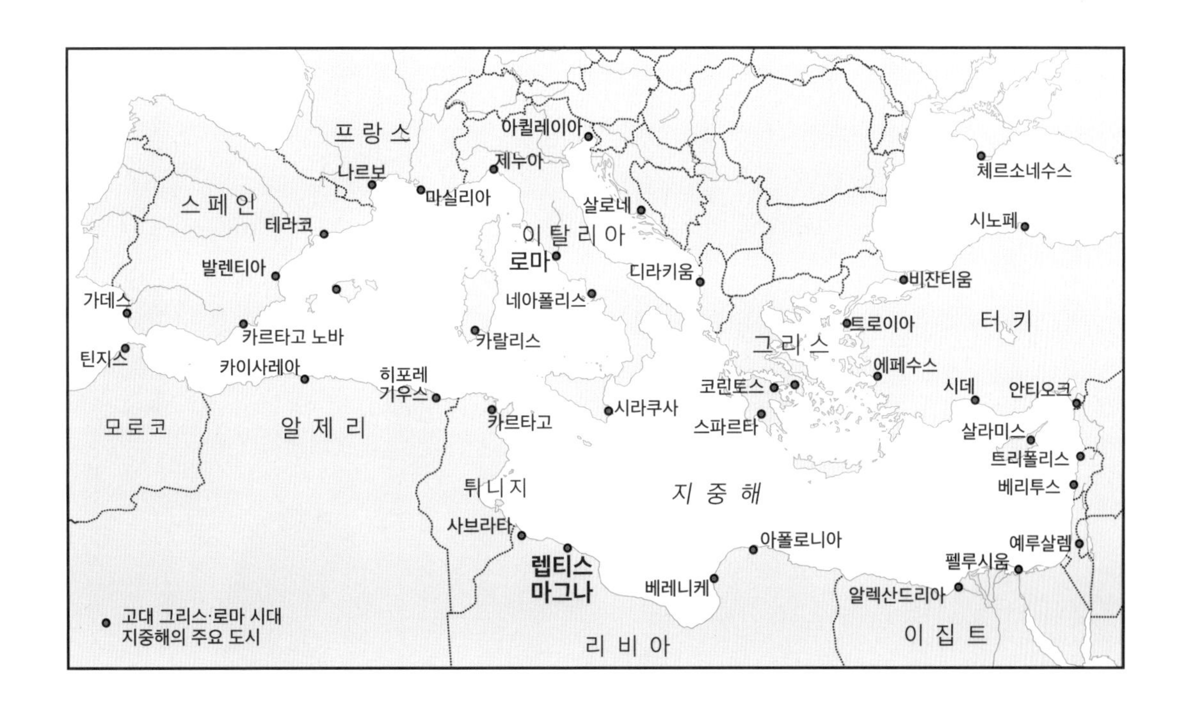

위: 고대 그리스·로마 세계의 주요 도시와 렙티스마그나의 위치.

사치와 향락을 고향 도시에서도 맛볼 수 있도록 공공 건물(가장 중요한 신전들, 포럼, 극장, 수로, 공중목욕탕, 전차 경주를 벌일 원형경기장 등)을 앞다투어 세웠다.

렙티스마그나 출신인 루치우스 셉티미우스 세베루스(재위 193-211)가 서기 193년에 로마의 황위를 차지한 후로 도시의 위상은 대단히 높아졌다. 주요 역사학자들은 세베루스를 '최초의 진정한 속주 출신 황제'라고 평한다. 정말로 셉티미우스 세베루스는 뿌리를 잊지 않았다. 그는 출생지에 상당한 세금 감면 혜택과 진정한 로마 도시로 자처할 수 있는 영예를 베풀었다. 더욱이 고향이 황제에 걸맞은 대도시로 변모할 수 있도록 주요 건축 계획에도 자금을 댔다.

도시 계획은 셉티미우스 세베루스가 세상을 뜨고 아들 카라칼라(재위 198-217)가 옥좌에 오른 뒤에야 완성되었다. 새 단장을 마친 항구에는 대리석 기둥이 늘어선 대로가 조선대(배를 만들거나 수리할 때 올려두는 대—옮긴이)까지 이어졌다. 거대한 포럼과 바실리카도 새롭게 생겨났고, 세베루스 가문의 조각으로 화려하게 꾸민 개선문도 중심 교차로의 중앙에 들어섰다. 예상대로, 세

위: 로마 황제 셉티미우스 세베루스의 개선문.

베루스 왕조가 끝나자 도시 재개발 속도가 느려졌다. 이미 완공된 건축물은 서기 360년대 내내 잇달아 터진 지진에 파괴되거나 유목민에게 습격받았다. 도시는 5세기에 비잔틴제국의 지휘 아래 조금 회복했지만, 이미 영광스러웠던 과거에서 초라하게 쪼그라든 후였다. 항구도 흙으로 완전히 막히기 직전이라 쓸모가 없었다. 아랍인이 서기 643년경에 이 일대를 정복할 무렵 도시는 버려진 채 텅 비어 있었던 것 같다. 처음에 페니키아인을 이곳으로 이끈 카라반이 이동 경로 삼았던 흐르는 모래 폭풍이 곧 폐허를 집어삼켰다.

렙티스마그나는 빅토리아 시대까지 잠에 빠져 있었다. 도시의 단잠을 방해하는 것은 이따금 벌어지던 사소한 도둑질뿐이었다. 예를 들자면, 17세기에 트리폴리의 프랑스 영사였던 클로드 르메르가 렙티스마그나의 대리석 조각을 훔쳐내서 파리로 보낸 일이 있었다. 대리석은 아마 생제르맹데프레성당의 제단에 쓰였을 것이다. 보물 같은 도시 건축물 전체는 1960년대에 이루어진 발굴 작업을 통해 마침내 세상으로 나왔다. 하지만 이후 리비아의 정치 상황과 무아마르 카다피의 독재 탓에 렙티스마그나는 대개 가닿을 수 없는 도시로 남아 있었다. 2011년에 카다피가 사망했으니 이제는 렙티스마그나에 방문하기가 더 수월할 것이다. 다만 2018년에 이슬람국가(IS)가 리비아 수도 트리폴리를 공격한 후로 테러 위험이 도사리고 있다. 필자가 이 글을 쓰는 지금 서구의 각국 정부는 리비아 여행을 자제하라고 권고한다.

상도

몽골·중국

북위 42° 21' 28.9" / 동경 116° 11' 06.3"

오래된 아이들 놀이인 '옮겨 말하기'는 흔히 이야기(또는 뜬소문)가 사람들을 거칠수록 점점 더 왜곡되는 상황을 가리킨다(이 놀이는 '중국의 풍문Chinese whispers' 혹은 '러시아 스캔들Russian Scandal'이라고도 불린다). 사람들은 이야기를 은근히 또는 명백히 바꿔서 다음 사람에게 전달한다. 결국 마지막 사람이 듣는 말은 원래의 말과 거의 완전히 달라져 있다. 상도에 관한 이야기 혹은 원나라의 수도였던 이 도시에 관해 우리가 잘 안다고 생각하는 이야기는 많은 면에서 옮겨 말하기 놀이의 확장판처럼 느껴진다. 믿지 못할 이야기와 믿지 못할 이야기에 관한 이야기가 수 세기 넘게 겹겹이 쌓였다.

상도 또는 영어식 이름 제너두Xanadu를 들으면 다들 새뮤얼 테일러 콜리지의 유명한 시 〈쿠빌라이 칸〉이 곧바로 떠오를 것이다. 시는 다음과 같이 시작한다.

> 쿠빌라이 칸이 제너두에
> 위풍당당한 환락의 궁을 지으라고 명했다네
> 그곳에서는 신성한 알프강이
> 인간은 헤아릴 수 없는 동굴들을 내달려
> 햇볕이 들지 않는 바다에 이른다네
> 비옥한 땅이 5마일 하고도 갑절이 넘고
> 성벽과 탑에 에워싸여 있다네
> 굽이치는 시냇물이 반짝거리는 정원이 있고
> 향을 머금은 나무가 흐드러지게 꽃 피웠다네

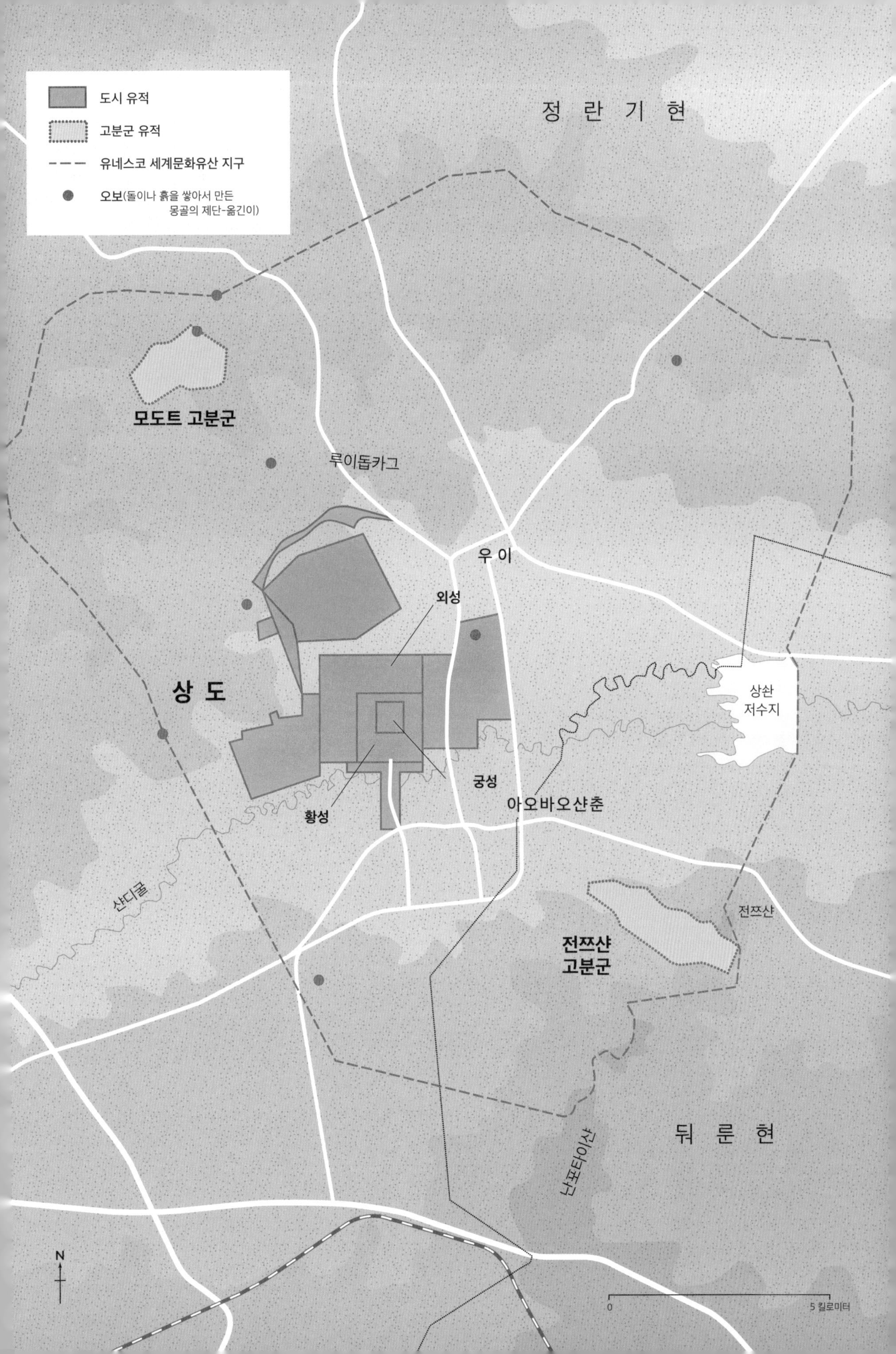

도시 유적
고분군 유적
유네스코 세계문화유산 지구
오보(돌이나 흙을 쌓아서 만든 몽골의 제단-옮긴이)
정 란 기 현
모도트 고분군
루이돔카그
우 이
외성
상 도
상샨 저수지
궁성
황성
아오바오샨춘
샨디골
전쯔샨
전쯔샨 고분군
뒤 룬 현
난포타이샨
N
0
5 킬로미터

야산만큼 오래 묵은 숲이 있어
햇살이 무성한 녹수를 감싸 안았다네

이 시는 영문학에서 가장 유명한 작품 가운데 하나로 꼽힌다. 콜리지는 시집의 서문에 고향 데번에서 이 시를 지은 정황을 설명했는데, 이 일화도 시만큼이나 유명하다. 시는 그가 "고통이 누그러진"(즉 아편에 취한) 환각 상태에 빠진 채 꿈을 꾸던 중에 찾아왔다고 한다. 환상에 잠긴 채 세 시간 정도 꾸벅꾸벅 졸다가 깨어난 시인은 펜을 집어 들고 300행쯤 되는 시를 미친 듯이 써 내려갔다. 시는 기적처럼 머릿속에서 완성된 채로 떠올랐다. 그런데 "폴락 지방에서 손님"이 찾아오는 바람에 안타깝게도 처음 세 연까지만 쓸 수밖에 없었다. 콜리지는 별로 중요하지도 않은 방문객에게 한 시간 동안 붙잡혀 있다가 책상 앞으로 돌아왔다. 시를 완성하고 싶은 마음이 굴뚝같았지만, 나머지 부분이 조금도 기억나지 않았다. 어쩌면 오히려 더 잘된 일일지도 모른다. 그는 시 내용을 잊어버린 사건을 두고 인상적인 이야기를 장황하게 늘어놓을 수 있었고, 사람들은 짧은 미완의 시를 더욱 쉽게 외울 수 있었다. 장기적으로 봤을 때 이 사건은 시가 인기 있고 낭독하기 쉬운 고전 문학이 되는 데 도움이 되었으리라.

아편 중독자였던 콜리지는 마약에 취해서 잠들기 전 때마침 새뮤얼 퍼처스의 여행기에 푹 빠져 있었다. 17세기에 출간된 그 책은 황당무계한 이야기로 가득했다. 주로 고난을 헤쳐나가는 각양각색의 옛 모험 이야기였고, 눈이 휘둥그레진 옛날 옛적 탐험가들과 괴혈병에 걸린 선원들이 머나먼 이국의 땅을 여행한 내용도 있다. 그중에는 마르코 폴로가 상도에서 보낸 나날을 회상하는 글에서 가져온 대목도 있다. 쉽게 짐작할 수 있듯이, 콜리지는 꾸벅꾸벅 졸기 전에 이 부분을 읽은 것 같다. 마르코 폴로가 등장하는 내용은 "쿠빌라이 칸이 상도에 위풍당당한 대궐을 지었다"라는 문장으로 시작한다.

최근까지 마르코 폴로는 보스포루스해협 너머로는 발을 디

위: 《동방견문록》 속 쿠빌라이 칸의 성.

딘 적이 없으리라고 의심받았다. 게다가 그의 여행기 《동방견문록Livre des Merveilles du Monde》에 나오는 장소, 사람, 동물에 관한 설명이 하도 기이해서 사람들은 그를 허풍을 일삼는 거짓말쟁이로 여겼다. 하지만 이 13세기 베네치아의 상인 겸 탐험가를 선뜻 중세 몽상가로만 무시할 수는 없다. 수많은 증거를 보면, 폴로는 정말로 중국에 도착했던 것 같다. 아마 1271년에 아버지와 삼촌과 함께 처음으로 중국을 여행했을 것이다. 그는 상도에서 쿠빌라이 칸을 모시며 여러 해를 보냈을 가능성이 크다. 세월이 지난 후 폴로는 제노바의 감옥에 갇혀 회고록을 구상했고, 감방 동료였던 루스티켈로 다 피사가 그 내용을 받아 적었다. 기사도 로맨스 작품을 많이 남긴 작가 루스티켈로는 대중의 환상을 자극하는 이야기를 지어낼 줄 알았다. 폴로 역시 동료 죄수에게 뻔뻔하게 허풍을 떨어댔다. 24년 동안 동양을 떠돌아다녔으니 속 시원히 털어놓고 싶은 일이 잔뜩 쌓인 데다, 감옥에서 달리 할 일도 없었기 때문이다.

피사 출신 소설가는 감방 노인의 미심쩍은 주장을 가로막을 이유가 전혀 없었다. 게다가 글을 매끄럽게 이어나가는 데 필요할 것 같으면 과장된 미사여구도 마음껏 보태서 이야기를 엮었다. 시간이 흐르면서 다른 사람들이 폴로의 회고록을 제멋대로 베끼고, 원래 궁정풍 옛 프랑스어로 쓴 글을 잘못 번역하고, 마음 내키는 대로 내용을 더하거나 빼며 서로 다른 판본을 허다하게 만들어냈다. 그 탓에 우리는 숱한 판본을 읽고 어떻게든 진위를 가려야 한다. 루스티켈로도 애초에 폴로의 이야기를 거의 믿지 않았다. 심지어 폴로가 가장 차분한 상태에서 가슴에 손을 얹고 두 눈으로 똑똑히 보았노라고 맹세한 내용조차 쉽사리 믿으려 하지 않았다. 어쨌든 폴로가 상도의 궁궐에서 보낸 시간은 회고담에서 적지 않은 비중을 차지한다. 이 노련한 상인은 동양의 제국이 지폐를 사용한다는 사실을 알고 처음에 깜짝 놀랐다.

아래: 상도의 쿠빌라이 칸 **암각 부조.**

이 진기한 화폐는 칭기즈칸의 손자 쿠빌라이 칸이 새롭게 도입한 혁신이었다. 몽골인은 말을 잘 다루는 것으로 유명했고, 무자비한 전사로서 공포를 퍼뜨리는 유목민족이었다. 칭기즈칸과 후계자들은 놀라우리만치 관용적이고 세계주의적인 제국을 건설했다. 전성기 몽골 제국은 오늘날 유라시아 대륙을 거의 다 뒤덮으며 역사상 규모가 가장 큰 제국으로 성장했다. (예나 지금이나 지폐는 멀리 흩어져 있는 서로 다른 집단을 하나로 묶고 통화 공급을 확실하게 통제하기에 썩 괜찮은 방법이다.) 쿠빌라이 칸은 1260년에 상도에서 황위에 올랐다. 상도는 그보다 몇 해 전 그가 중국 북부의 샨뎬강闪电河 북쪽으로 펼쳐진 진롄촨金莲川 대초원에 새롭게 세운 도시였다. 처음에는 제국의 수도였으나 나중에 여름 별궁으로 격하되었다. 하지만 이곳은 그저 여름에만 사용하는 자그마한 시골 별장이 아니었다. 상도는 전 세계에서 찾아오는 사절

아래: 상도 유적지는 2012년에 유네스코 세계문화유산이 되었다.

과 상인을 반갑게 맞아들이는 대도시였다. 중앙의 궁성, 그 바깥의 황성, 가장 바깥에 있는 방어용 외성이 동심원을 이루며 250제곱킬로미터에 걸쳐 뻗어 있었다. 그 너머에서는 군사 목적과 상업 목적으로 구획된 교외가 고리처럼 도시를 감쌌다. 이런 구역에는 병영, 갖가지 물품과 가축을 거래하는 시장, 가게, 선술집, 여인숙, 작업장이 들어섰다. 도시 안에 거주할 수 없는 일꾼과 상인이 살아가는 주택 지구들도 따로 있었다.

상도를 설계하고 건설한 주인공은 쿠빌라이 칸이 가장 신뢰했던 한족 대신 유병충이다. 강과 산이 조화를 이루는 지역에 들어선 상도에서는 몽골과 한족의 요소가 비할 데 없이 훌륭하게 어우러졌다. 탁 트인 공간과 정원, 인공 연못이 풍부했을 뿐만 아니라 활동적인 유목민 출신들이 간절히 바라는 사냥터도 있었다. 말과 마차에 탄 사람들이 내리지 않고도 황궁 안으로 들어갈 수 있도록 '만도萬道'라는 경사로도 여럿 설치했다. 성벽 내부에는 사원과 관청, 누각, 홀이 들어찼다. 궁성에서 가장 커다란 건물은 목청각穆清閣이지만, 상도를 상징하는 건축물은 대안각大安閣이었다. 이 장엄한 건물은 낭만적이거나 심원하다고까지 말할 수는 없지만, 파괴된 지 수 세기가 지난 후에도 여전히 보는 이의 마음을 사로잡는다.

14세기가 되자 몽골의 통치와 함께 상도의 운명도 끝났다. 원나라를 뒤이은 명나라는 이미 기울어가고 있던 데다 칭기즈칸과 깊이 연관되기까지 한 도시를 세심하게 관리하지 않았다. 이

계몽 전제 군주의 후손들도 그때쯤이면 멀리 스텝 지대로 떠나고 없었다. 상도는 폐허가 되었다. 세월이 흐르자 이웃한 돌론노르Dolon Nor(둬룬多倫) 주민이 집 지을 석재를 구하느라 건물터를 헤집고 다녔다. 폐허에서 살아남은 부분은 점점 세력을 뻗치던 초원에 뒤덮이고 말았다.

본격적인 고고학 발굴은 1990년대가 되어서야 시작되었다. 2011년에는 잊혔던 도시 유적이 마침내 대중에게 공개되었다. 방문객은 너무도 오랫동안 자유로운 허구와 기상천외한 추측의 대상이었던 장소와 드디어 만날 수 있었다. 상도 유적은 경이롭다. 몇 세기 동안 땅에 파묻혀 있던 유물 수백 점이 전시된 박물관에 가면 우리가 무엇을 잃어버렸는지 짐작할 수 있다. 하지만 상도가 한창때 과연 어떠했을지 그려보려면, 틀림없이 상상의 영역으로 슬쩍 뛰어들어야 한다.

시우다드페르디다

콜롬비아

북위 11° 02' 15.3" / 서경 73° 55' 30.1"

스페인어 지명 '시우다드페르디다'를 번역하면 '잃어버린 도시'라는 뜻이다. 사실, 1970년대 중반까지 콜롬비아의 스페인어 사용자 대다수와 전 세계 사람들은 이 도시를 정말로 모르고 있었다. 페루의 그 유명한 잉카 성채 마추픽추보다 오래되고 신비로운 도시 유적이 콜롬비아 시에라네바다데산타마르타산맥Sierra Nevada de Santa Marta Mountains의 고지대에서 발견되었다는 소식은 1970년대 들어서야 대중에게 전해졌다. 사실 유적은 파렴치한 구아구에로guagüero, 또는 도굴꾼 무리가 겨우 몇 해 전에 먼저 발견했다. 도굴이 흉악한 범죄이다 보니 그들은 당연히 도시의 존재를 비밀에 부치려고 했다. 그러나 몰염치한 구아구에로가 흥미로운 역사성과 금전적·정서적 가치를 지닌 유물 말고도 절대 안전하게 지키지 못하는 것이 하나 더 있다면, 바로 약삭빠른 발견에 관한 비밀일 것이다.* 오래지 않아 입이 가벼운 구아구에로 하나가 말을 퍼뜨렸다. 소문은 끝내 고고학자 한두 명의 귀에도 들어갔고, 고고학자는 그 유적지가 가치 있는 것을 송두리째 도둑맞을까 봐 당국에 보고했다. 훗날 밝혀졌듯이, 스페인 콩키스타도르conquistador가 구아구에로스보다 훨씬 더 일찍 선수를 쳤다. 스페인 정복자들은 이미 1578년에 도시 유적에서 귀중한 금속을 모조리 긁어갔다. 이후 시우다드페르디다는 세상에서 잊혔고, 네 세기가 흐른 후에야 비로소 알려졌다.

* 적어도 자기 자신의 이익을 위해 잠자코 입 다무는 법을 배운 구아구에로도 틀림없이 있을 테니 괜히 일반화하고 싶지는 않다. 하지만 이 세계에서는 보물을 찾았다고 떠벌리는 것이 보물을 찾는 것만큼이나 달콤한 일이다.

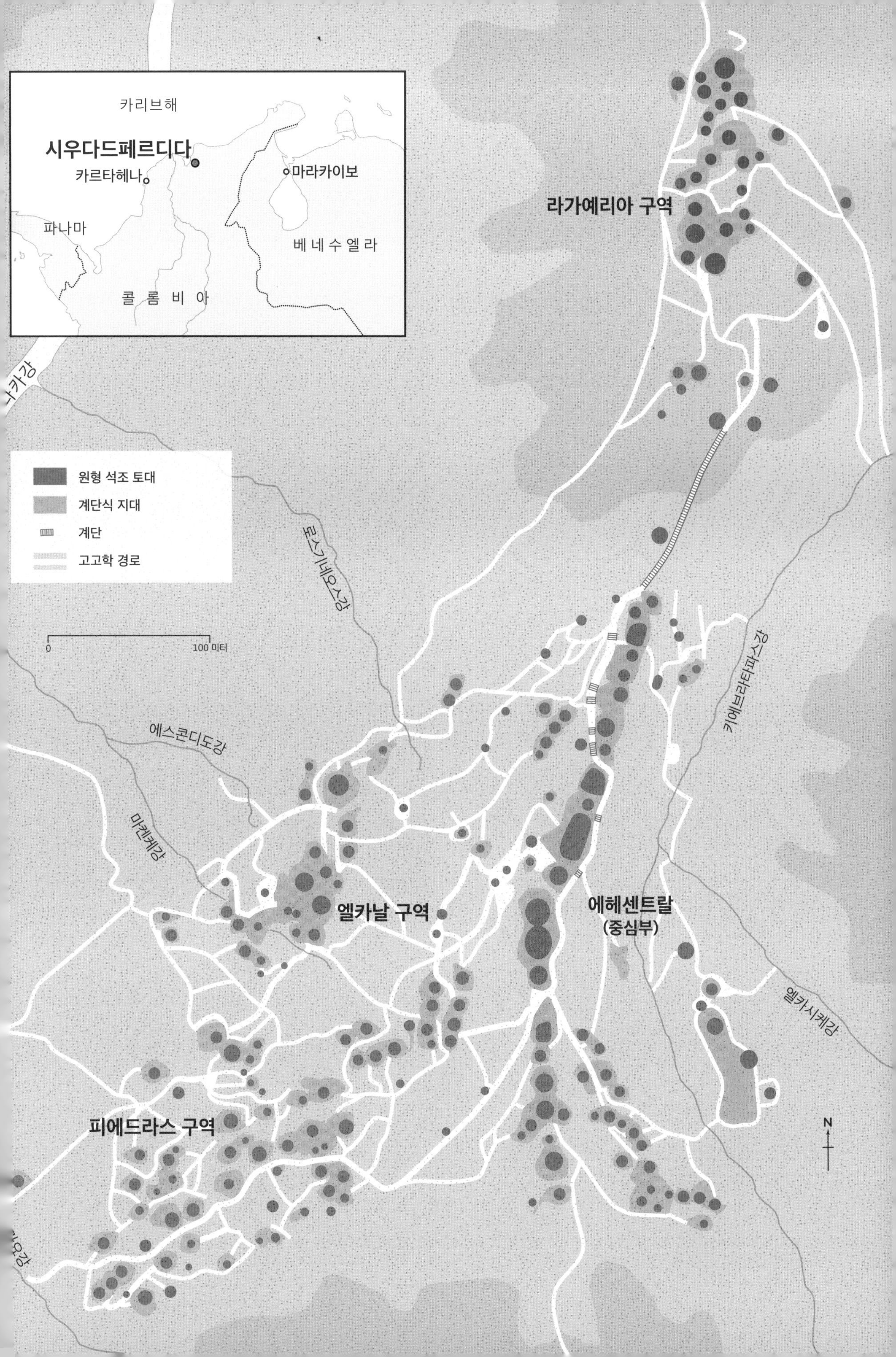

카리브해
시우다드페르디다
카르타헤나
마라카이보
파나마
베 네 수 엘 라
콜 롬 비 아
원형 석조 토대
계단식 지대
계단
고고학 경로
0
100 미터
라가예리아 구역
엘카날 구역
에헤센트랄
(중심부)
피에드라스 구역
에스콘디도강
마켄케강
엘카시케강
N

오른쪽: 시우다드페르디다의 계단식 지대.

하지만 시우다드페르디다를 결코 잊지 않은 사람들이 있다. 토착 원주민 부족인 코기족이다. 코기 사람들은 시우다드페르디다 인근에서 수 세대에 걸쳐 살고 있다. 그들은 이 도시를 '테이우나Teyuna'라고 부르며, 도시를 건설한 타이로나 사회의 후예라고 자처한다.

15세기에 유럽인이 구세계의 칼과 총, 질병으로 무장한 채 밀려들자 타이로나 문화는 끝내 파괴당했다. 원래 타이로나 사람들은 카리브해 연안과 시에라네바다데산타마르타산맥의 구릉 지대에서 물고기를 잡고, 땅을 일구고, 다른 부족과 물품을 거래하며 대체로 평화롭게 살아갔다. 그런데 이들은 콩키스타도르가

본격적으로 몰려들기 전에 이미 적대적인 카리브해 섬들에 습격받아서 산속으로 물러나 있었다. 타이로나 사회는 서기 800년경에 마지막 본거지 테이우나를 건설했다. 페루의 마추픽추보다 거의 650년이나 앞선 시기다. 오늘날에도 테이우나로 가려면 해안에서 출발해 부리타카강 계곡의 빽빽한 밀림을 통과하고 경사진 돌계단을 1263개나 오르며 꼬박 나흘간 산을 타야 한다. 테이우나는 드넓은 지역을 아울렀으며, 지금까지 겨우 10퍼센트 정도만 발굴되었다.

산비탈을 따라 폭포수처럼 이어지는 원형 석조 계단식 지대와 광장이 정착촌 전체에 체계적으로 배열되어 있다. 층층이 쌓이는 계단식 구조는 유별나 보이지만 매우 독창적이며, 몹시 실용적인 역할 두 가지를 맡은 것으로 보인다. 첫째, 계단식 구조 덕분에 우기에 대처할 수 있다. 계단은 땅 위의 빗물을 흘려보내는 배수관으로 작용해서 아래쪽 강으로 돌진하는 빗물이 도시를 휩쓸지 못하도록 막아준다. 둘째, 각 층의 지대를 여러 구역으로 나누고 일부에 퇴비를 뿌려서 작물을 길렀을 것이다. 햇빛을 덜 받아도 되는 뿌리채소와 리마콩, 카카오는 아래층에, 햇빛을 많이 받아야 하는 옥수수와 목화는 위층에 심어서 말하자면 피라미드식으로 농사를 지었을 것이다. 테이우나 주변의 식물군을 조사한 식물학자들은 인간이 경작한 징후가 뚜렷하게 나타난다고 주장한다. 이곳의 식물군은 인간이 한번도 거주한 적 없는 정글과 상당히 다르며 더 다양하다. 유적지에 마구 뒤엉켜 있는 잎사귀들은 길들지 않은 태초의 야생보다 오래전에 생기를 잃은 채소밭이나 과수원에 더 가깝다.

코기 부족의 여러 마을은 시우다드페르디다의 유적을 둘러싸고 있다. 코기 사람들은 예로부터 전해진 방식대로 테이우나 땅을 돌본다. 타이로나 시대부터 거의 변하지 않은 이 방식은 지구가 살아 있는 유기체라는 깊은 영적 믿음과 일치한다. 환경과 완벽한 균형을 이루며 살아가려고 애쓰는 코기족은 화학 처리를 하지 않은 헐렁한 순백색 옷을 입고 칠흑같이 검은 머리카락을 길게 기른다. 이들은 나머지 인류를 근심스럽고 의아하게 바라본다. 더 나아가 외부인은 "세상을 돌보는 법을 모르는 어린아이"라고 날카롭게 지적한다.

코기족은 스페인 정복자와 예수회 선교단의 관심을 피하고자 거의 500년 동안 소극적으로 저항했고, 이방인과 일시적 관계만 맺는 데 성공했다. 외부와 차단하고 내부를 고립시키는 밀림이 효과적인 방어벽이 되어주었다. 코기족 정착촌 코앞에서 시우다드페르디다가 발견되었다고 알려진 후에도 감히 이 땅을 찾아오는 사람은 거의 없었다. 그러나 1970년대까지 비교적 호젓하게 은둔해 있던 이 지역은 호황을 맞은 콜롬비아 코카인 산업의 눈길을 끌고 말았다. 마약왕들과 무장 갱단이 감시의 눈초리를 피해 밀림의 빽빽

위: 도시 유적 바깥에 있는 코기 부족의 마을.

한 수풀 속에서 활개 쳤다. 2003년에도 마약 조직이 시우다드페르디다로 향하던 관광객 여덟 명과 가이드를 납치하고 몸값을 요구했다. 다만 콜롬비아는 지난 15년 동안 훨씬 더 안전해졌고, 정부군이 그 어느 때보다 삼엄하게 이 지역을 감시한다. 용기를 내서 시우다드페르디다를 찾는 관광객도 늘었다. 2007년에서 2011년 사이에 연간 방문객 수는 2000명에서 8000명으로 네 배나 늘어났다. 그 이후로는 상승 폭이 그리 대단하지 않지만, 그래도 수치는 매해 조금씩 증가한다. 이런 상황을 두고 코기 부족은 신성하게 여겼던 풍경이 훼손된다고 느끼며 엄청나게 경악한다. 그들은 오늘날까지 몇백 년 동안 변함없이 부족을 지탱해온 전통문화와 평화로운 생활 방식을 잃을까 두려워한다. 터무니없는 걱정은 아닐 것이다.

마하발리푸람

인도

북위 12° 36' 59.4" / 동경 80° 11' 57.2"

2004년 12월 26일에 발생한 쓰나미는 기록상 가장 치명적인 쓰나미로 평가받는다. 쓰나미의 발생 원인은 수마트라섬 북단에서 일어난 대지진이었다. 꼬박 10분 동안 이어진 지진은 대지를 1센티미터나 뒤흔들었고, 인도양의 바닷물을 떠밀었다. 그 탓에 높이가 최대 30미터나 되는 파도가 인도네시아 전역을 덮쳤다. 쓰나미는 두 시간 만에 스리랑카와 인도, 태국에 들이닥쳤다. 쓰나미의 영향은 동아프리카에서도, 심지어 훨씬 더 먼 북아메리카와 남극에서도 감지되었다. 14개 나라에서 23만 명 넘게 목숨을 잃었다. 인도 남부 해안의 타밀나두에서도 최소한 1,500명이 숨졌다. 파도는 타밀나두에서 가장 유명한 명소인 마하발리푸람의 드라비다사원까지 강타했다.

그런데 바닷물이 물러가고 나자, 사나운 물결이 벵골만 기슭의 사원을 말끔하게 청소했다는 사실이 드러났다. 파도는 건물의 돋을새김 조각에 오랜 세월 쌓여 있던 모래를 쓸어냈다. 바닷가 모래더미에 깊숙이 깔려 있던 화강암 조각도 몇백 년 만에 처음으로 모습을 드러냈다. 당당한 사자와 코끼리, 뒷발로 일어서서 비상하려는 종마가 모래를 헤치고 나와서 햇살에 눈을 깜박였다. 조각품의 재출현은 4세기부터 9세기까지 인도 남부를 지배한 팔라바Pallava 왕조 시대에 마하발리푸람이 중요한 해양 거점이었다는 오랜 신화에 힘을 실어주는 듯했다.

이 신화는 존 골딩엄이라는 영국인이 인도를 방문했다가 1798년에 처음 기록했고, 이후 타밀나두에 관한 설명에서 수없이 반복되었다. 전설에 따르면 고대 뱃사람들은 이 해안 전초 기지가 일곱 탑을 품었다고 믿었다. 골딩엄이 대화를 나눴다는 현지 브라만들은 사라져버렸다는 여섯 사원의 꼭대기에 금박이 입혀져 있었다고 전한다. 옛 조상은 그 금빛 꼭대기가 모래사장 위로 불쑥 튀어나온 광경을 기억한다고 했다. 이 사원들은 종교적 헌신을 나타낼 뿐 아니라 배를 해안으로 인도하는 길잡이 역할도 맡은 것 같다. 믿기 어렵지만, 사원들을 파괴한 이는 다

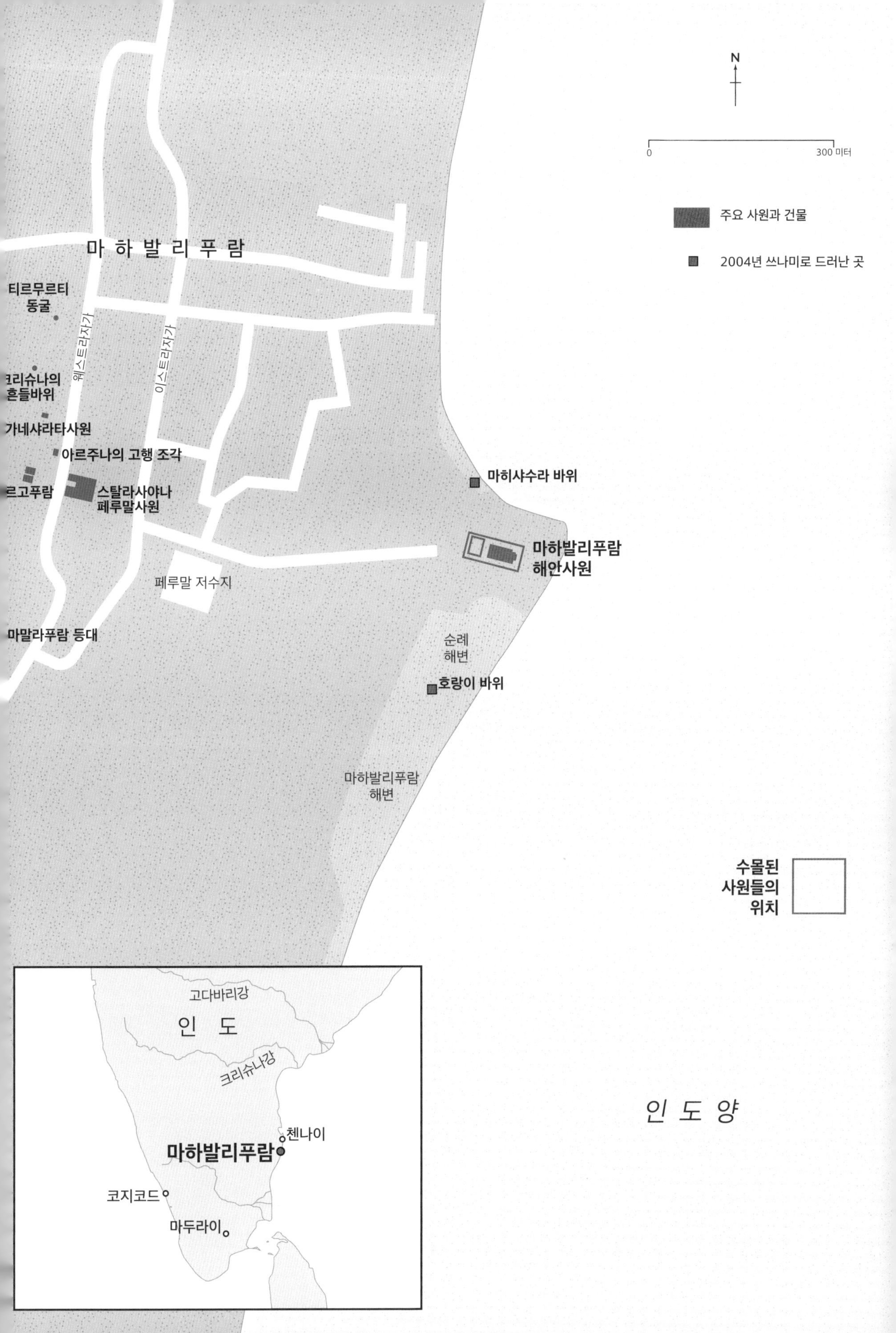
N
0
300 미터
주요 사원과 건물
2004년 쓰나미로 드러난 곳
마 하 발 리 푸 람
티르무르티
동굴
웨스트라자가
이스트라자가
리슈나의
흔들바위
가네샤라타사원
아르주나의 고행 조각
르고푸람
스탈라사야나
페루말사원
마히샤수라 바위
마하발리푸람
해안사원
페루말 저수지
마말라푸람 등대
순례
해변
호랑이 바위
마하발리푸람
해변
수몰된
사원들의
위치
고다바리강
인 도
크리슈나강
첸나이
마하발리푸람
코지코드
마두라이
인 도 양

름 아닌 신이었다고 한다. 사원이 너무 아름다워서 분노한 신은 일곱 사원 가운데 하나만 남기고 전부 허물어버린 것으로도 모자라 사원들이 도움을 베풀었다는 항구 도시까지 무너뜨렸다.

이야기의 진실은 알 수 없다. 어쨌거나 고고학계는 마하발리푸람의 중심인 해안사원The Shore Temple은 단단한 기반암 위에 지어졌지만, 근처의 다른 사원들은 훨씬 더 약한 모래밭에 지어져서 바다의 변덕에 무너졌을 것이라고 지적한다. 더 나아가 전문가들은 이 진기한 유적들이 어떻게 살아남았는지 조사한다면 바닷물에 위협받는 다른 유적을 보존할 길을 찾을 수 있으리라고 믿는다.

위: 2004년 쓰나미로 드러난 바위 조각품.

오른쪽: 마하발리푸람의 해안사원.

팔렝케

맥시코

북위 17° 29' 02.9" / 서경 92° 02' 45.9"

온 세상은 2012년 12월 21일에 끝날 예정이었다. 적어도 그해의 동지를 맞으려고(2012년 동지는 12월 21일이었다—옮긴이) 멕시코 치아파스주의 고대 마야 도시 팔렝케로 떠난 사람들은 그렇게 믿었다. 꽤 열렬하게 믿는 사람도 많았다. 이들은 팔렝케에서 세상이 멸망하리라는 믿음이 얼마나 굳건한지를 팔렝케행 편도 티켓을 사는 것으로 분명하게 보여주었다. 그러나 종말은 오지 않았다. 5200년 주기의 마지막 순간이 다가온다고 예언한 마야 달력에 맞춰놓은 시계들조차 태평하게 똑딱거렸다. 당황스럽게도 해가 또다시 떠올랐다. 음울한 예언을 단호하게 거스르는 아침이 밝아오며 햇빛이 거대한 피라미드에 부딪혀 번득이자 안도의 한숨(또는 실망의 한숨)이 팔렝케를 맴돌았다.

종말은 다양한 형태로 찾아온다. 어쩌면 팔렝케도 그랬을 것이다. 팔렝케는 마야문명의 고전기(서기 250~900년)에 가장 중요한 도시 가운데 하나였다. 이곳은 상업과 예술, 종교의식, 유혈 낭자한 인신 공양이 이루어지던 위풍당당한 중심지였다. 왕들이 대대로 옥좌에 오르면서 광장과 신전, 고분, 수로, 스텔레stele(상형문자 명문을 새긴 석조 기념물—옮긴이)도 점차 늘어갔다. 왕들은 모두 7세기에 대거 건축 사업을 한 위대한 군주, 파칼대왕이 선보인 대담한 건축물들을 본받았다. 하지만 서기 950년경 팔렝케는 부족 분쟁과 흉작, 인구 감소로 최후를 맞았고, 마야문명의 다른 주요 도시들(티칼과 코판, 약스칠란)처럼 버려졌다. 마야인은 유카탄반도 북부의 해안 평야에서 새롭게 출발하고자 떠났다. 옛 마야 대도시들에서 발명된 달력도 쓰임새를 잃었다.

위: 파칼대왕을 표현한 치장 벽토 세공. 팔렝케 고고학 박물관에 전시되어 있다.

아래: 팔렝케에 있는 비문碑文의 신전. 파칼대왕의 왕묘이기도 하다.

팔렝케의 신전과 왕궁은 주변의 밀림에 흡수되었다. 풀과 나무는 물감을 칠한 석조물을 보존했고, 건물의 장식 예술품을 호시탐탐 노리는 약탈자들을 막아냈다. 이후 도시는 내내 잊혔다가 16세기에 비로소 재발견되었다. 스페인 사제 페드로 로렌소 데 라 나다가 원주민에게 안내받아 주변 지역을 탐험하던 중에 우연히 팔렝케와 마주쳤다. 하지만 팔랑케는 완전히 발굴되기까지 다시 400년을 더 기다려야 했다. 마침내 1952년에 멕시코 고고학자 알베르토 루스 루이예가 파칼대왕의 왕묘를 찾아낸 덕분에 팔렝케와 마야문명에 관한 귀중한 발견이 이루어졌다.

오른쪽: 1956년에 사진 찍은 팔렝케 왕궁.

다음 쪽: 팔렝케 유적을 보호했던 주변 밀림.

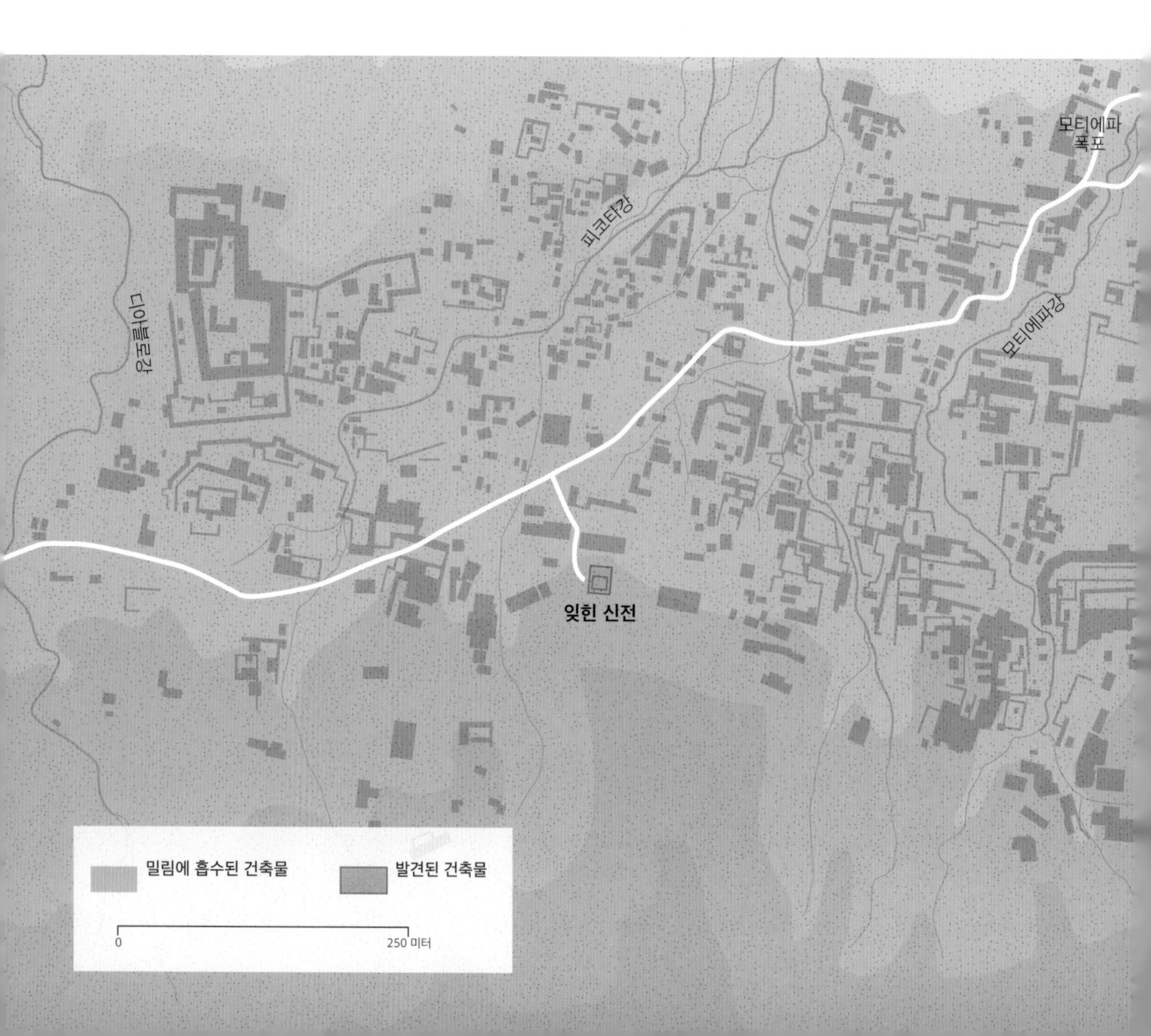

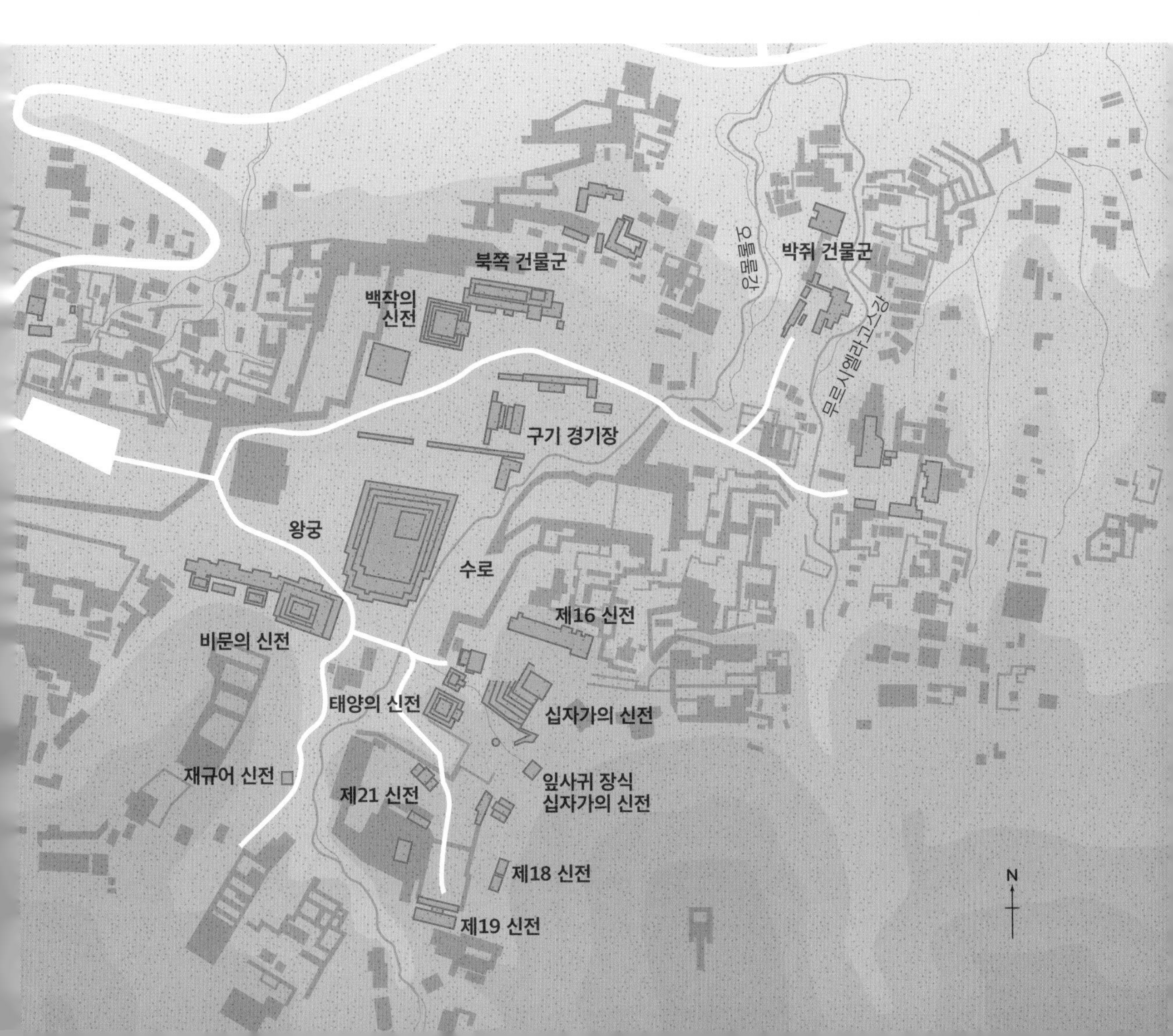
북쪽 건물군
백작의
신전
박쥐 건물군
오톨룸강
무르시엘라고스강
구기 경기장
왕궁
수로
비문의 신전
제16 신전
태양의 신전
십자가의 신전
재규어 신전
잎사귀 장식
십자가의 신전
제21 신전
제18 신전
제19 신전
N

헬리케

그리스

북위 38° 13' 02.7" / 동경 22° 08' 01.5"

솔직히 말해서 고대 그리스의 올림포스 신들은 별로 신답지 않았다. 옹졸하고 교활한 데다 음탕해서 툭하면 근친상간을 저질렀고 잔인하기까지 했다. 호메로스의《오디세이아》가 잘 보여주듯이, 특히 포세이돈은 절대 심기를 거스르지 말아야 할 신이었다. 오디세우스가 포세이돈의 분노를 사는 바람에 치른 대가는 몹시나 고통스러웠다. 바다의 신이자 말의 창조자인 포세이돈은 신화에서 늘 언짢고 성난 상태로, 삼지창을 들고 전차를 탄 채 바다에 끊임없이 노여움을 쏟아내는 모습으로 묘사된다. 그는 언짢을 때마다 삼지창을 내리치고 지진을 일으켰다. 어느 그리스 신화 작가는 포세이돈의 격노를 "헤아릴 수 없다"라고 표현했고, 그의 눈썹조차 "너무 무성해서 험악하다"고 묘사했다. 하지만 우리도 태어나자마자 아버지에게 잡아먹힌다면 현대 심리학 용어로 '분노조절장애'를 앓을 것이다.

헬리케의 선량한 사람들은 포세이돈에게 얼마간 사랑을 보여주었다. 헬리케는 한때 펠로폰네소스반도 북부에서 중요한 도시였다. 헬리케 주민은 포세이돈을 도시의 수호신으로 선택하고, 동전에 포세이돈을 새기고, 신전에서 포세이돈을 찬미하고, 청동으로 거대한 포세이돈 조각상을 만들어 세웠다. 거칠게 흘러내리는 수염과 험상궂은 눈썹, 삼지창 등을 모두 갖춘 조각상은 포세이돈을 꼭 빼닮았다. 그런데 무슨 영문인지, 이 조각상이 재앙의 불씨였다.

전하는 이야기는 저마다 다른 내용을 들려준다. 바다의 신이 헬리케를 찾아온 이오니아 사람들에게 청동상을 빌려주라고 했다는 이야기도 있고, 그저 신이 조각상의 생김새에 불만을 품었다는 이야기도 있다. 무엇이 사실이든, 조각상은 포세이돈의 분노를 부른 듯하다. 헬리케에 벌을 내리기로 마음먹은 포세이돈은 기원전 373년 겨울 단 하룻밤 만에 도시를 파괴했다.

전설에 따르면 곧 닥쳐올 운명을 예고하는 조짐이 있었다. 대지진이 헬리케를 덮치기 몇 시간 전에 도시 주변에서 불기둥이 치솟고 동물들이 줄줄이 산으로

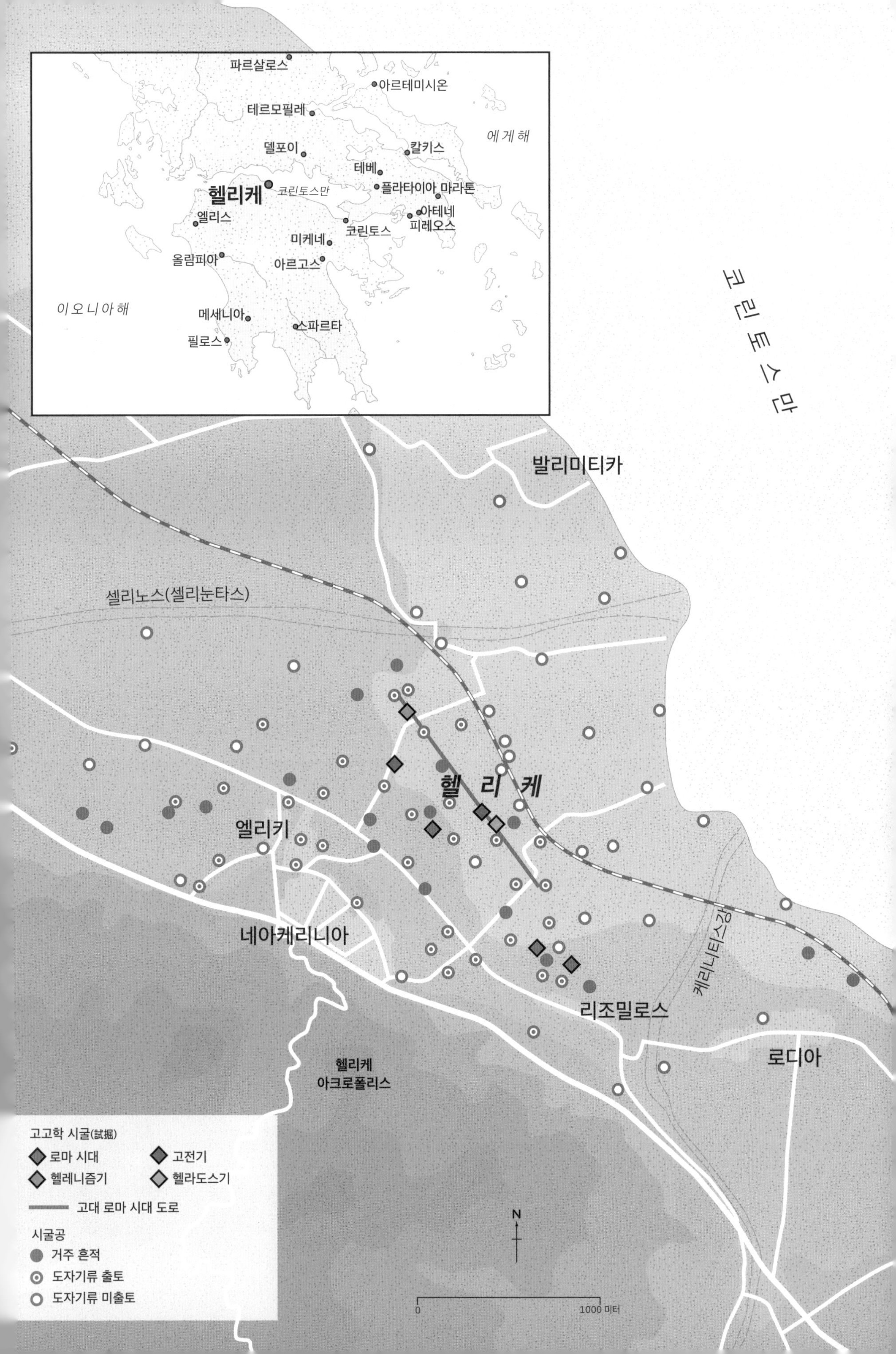

파르살로스
아르테미시온
테르모필레
에게해
델포이
칼키스
테베
헬리케
코린토스만
플라타이아
마라톤
아테네
엘리스
피레오스
코린토스
미케네
올림피아
아르고스
이오니아해
메세니아
스파르타
필로스
코린토스만
발리미티카
셀리노스(셀리눈타스)
헬리케
엘리키
네아케리니아
케리니티스강
리조밀로스
로디아
헬리케
아크로폴리스
고고학 시굴(試掘)
로마 시대
고전기
헬레니즘기
헬라도스기
고대 로마 시대 도로
시굴공
거주 흔적
도자기류 출토
도자기류 미출토
N
0
1000 미터

위: 영국 화가 월터 크레인이 그린 삽화. 옛 설화는 헬리케가 포세이돈의 분노를 산 탓에 멸망했다고 설명한다.

도망갔다고 한다. 곧 건물과 거리가 무너져내렸고, 코린토스만에서 일어난 거대한 해일이 순식간에 도시로 밀려들었다. 헬리케는 눈 깜짝할 사이에 파도에 잠겨버렸다. 살아남은 자는 아무도 없었다. 그 후 몇백 년 동안 도시는 바닷물 속에 잠겨 있었다. 고대 그리스 철학자 에라토스테네스는 포세이돈 조각상의 머리와 삼지창이 지역 어부들에게 저주를 내렸다고 말했다. 어부들이 고깃배를 몰아서 가라앉은 도시 위를 지나갈 때마다 조각상이 그물을 망가뜨렸기 때문이다. 헬리케는 사람들의 기억 속에서 서서히 사라져갔다. 소금기 어린 바닷물이 도시의 잔해를 갉아먹었다. 그리스와 로마제국이 차례대로 무너지면서 헬리케의 위치는 수 세기 동안 잊히고 말았다. 하지만 바닷물에 잠긴 고대 도시에 관한 전설은 쉽사리 잊히지 않았다. 더욱이 헬리케는 지금껏 그 누구도 찾을 수 없었던 아틀란티스에 관한 전설과도 쉽게 연결되었다.

헬리케의 위치를 추측하는 데만 거의 200년이 걸렸으나, 마침내 2001년에 펠로폰네소스반도 북부의 아카이아Achaea에서 헬리케가 다시 발견되었다. 그리스의 고고학자 도라 카초노풀루가 20년 동안 헌신적으로 연구한 결과였다. 1988년, 카초노풀루는 헬리케가 해안이 아니라 더 내륙에 있으며 코린토스만이 아니라 석호 아래에 가라앉았을 수도 있다고 처음 제안했다. 헬리케를 삼킨 석호는 1000년이 넘는 세월 동안 토사에 막혀서 사라지고 없었다. 헬리케도 그 과정에서 두꺼운 진흙층에 파묻혀버렸다. 현재 진행 중인 발굴 작업은 이제 겨우 진흙층을 벗겨내서 물과 흙 속으로 사라진 도시를 세상에 드러내고 있다.

아래: 헬레니즘 시기 건물 발굴지. 오늘날 아카이아의 엘리키 마을에 있는 이 건물은 염색 작업장으로 쓰였으리라 추정된다.

페트라

요르단

북위 30° 19' 44.0" / 동경 35° 26' 34.0"

어느 역사가는 바빌로니아와 아시리아부터 고대 그리스까지 고대 세계에서 재능이 뛰어난 모든 민족 가운데 "가장 부당하게 잊힌 민족은 나바테아인"이라고 말했다. 오늘날 우리가 나바테아인을 조금이라도 기억한다면, 대체로 페트라 덕분이다. 요르단 지구대의 바위산에 자리 잡은 페트라는 분홍빛이 도는 붉은 사암을 깎아서 만든 웅장한 요새 도시다. 하지만 나바테아왕국의 중심지는 거의 1000년 동안 세상에서 잊혔다. 도시가 기나긴 세월 동안 망각에 잠겨 있었던 만큼, 나바테아 문화를 둘러싼 기억 상실도 당연히 깊어졌다. 이 문명의 정확한 기원은 여전히 사막의 신기루처럼 흐릿하다.

나바테아인은 원래 완전한 유목민족이었다. 주변의 동시대인이 영구 정착과 농경의 매력을 받아들인 후에도 오랫동안 유목 생활을 고집한 것 같다. 또한, 이들은 아랍계로 추정된다. 정확한 출신 지역에 대한 가설은 분분한데, 예멘 또는 아라비아반도의 동쪽 해안, 혹은 오늘날 사우디아라비아 지역의 북서쪽에서 기원한 것으로 짐작된다. 이들은 기원전 6세기에서 기원전 4세기 사이 어느 시점에 고향을 떠나 서쪽으로 이주했고, 유목 생활을 완전히 버리지는 않았다 하더라도 아라비아반도의 북서부에 정착한 듯하다. 시리아와 이집트 사이에 놓인 이 지역은 구약 성경에 에돔인(아브라함의 손자 에서의 후손—옮긴이)의 고향으로 영원히 기록된 땅이다. 나바테아인은 이곳에서 100년 정도 근근이 삶을 이어간 것으로 보인다. 반건조 지대에서 양과 낙타를 치고, 가축의 고기와 젖, 야생 식물에 꿀을 곁들인 식단으로 하루하루

위: 아드데이르수도원의 파사드를 그린 1839년 삽화. 아드데이르는 페트라에서 가장 규모가 큰 건축물 가운데 하나다.

를 연명하고, 간간이 필요할 때마다 도적질에도 나섰다.

하지만 나바테아인의 방랑은 점차 상업이라는 목적을 새롭게 얻었다. 당시 북아프리카와 아라비아 남부, 지중해 세계에서는 유향과 몰약 같은 향료 무역이 점점 성장하고 있었다. 나바테아인도 향료 무역에 직접 뛰어들었다. 전략적 거점은 주요 카라반의 이동 경로들이 교차하고 와디무사Wadi Musa에서 흘러나오는 샘물과 가까운 곳이었다. 이들은 사해에서 시나이사막을 거쳐 이집트로 역청을 운송하는 사업에도 손을 뻗쳤다. 적응력이 뛰어난 나바테아인은 비교적 짧은 기간 안에 기민한 상인 겸 운송업자로 변신해서 크게 번창했다. 얼마 지나지 않아 모든 주요 무역로에서 세력을 떨쳤다.

나바테아인은 노련한 건축공학자이자 유능한 농경인이라는 사실도 증명했다. 그뿐만 아니라 고대에서 가장 품질이 뛰어난 도기를 만들어낸 장인이기도 했다. 기원전 2세기가 되자 나바테아왕국은 북쪽으로 시리아, 남쪽으로 아라비아, 서쪽으로 네

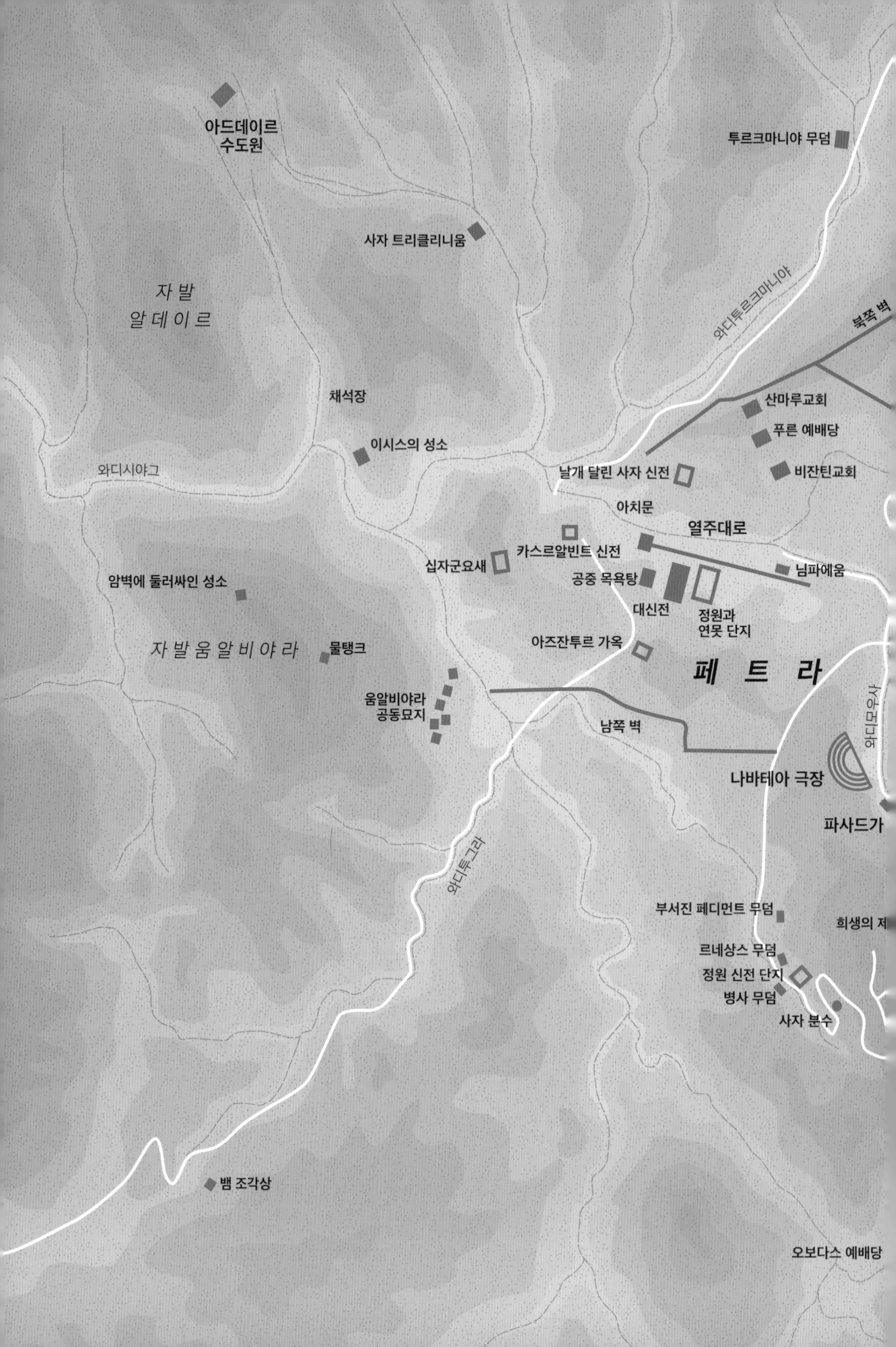

아드데이르
수도원
투르크마니아 무덤
사자 트리클리니움
자 발
알 데 이 르
와디투르크마니아
북쪽 벽
채석장
산마루교회
푸른 예배당
이시스의 성소
와디시야그
날개 달린 사자 신전
비잔틴교회
아치문
열주대로
카스르알빈트 신전
십자군요새
님파에움
암벽에 둘러싸인 성소
공중 목욕탕
대신전
정원과
연못 단지
자 발 움 알 비 야 라
물탱크
아즈잔투르 가옥
페 트 라
움알비야라
공동묘지
남쪽 벽
와디무사
나바테아 극장
파사드가
와디투그라
부서진 페디먼트 무덤
희생의 제
르네상스 무덤
정원 신전 단지
병사 무덤
사자 분수
뱀 조각상
오보다스 예배당

무가르안나사라 공동묘지
수로
콘웨이 탑
와디마타하
알우에이라
십자군요새
섹스티우스 플로렌티누스 무덤
비잔틴 시대 성벽
왕궁 무덤
코린토스식 무덤
비단 무덤
왕릉
항아리 무덤
자 발 알 쿱 타
알쿱타 고지대
와 디 무 사
니에슈 무덤
독수리 조각상
17 고분군
시크
진 블록
(정령 블록)
아시아
트리클리니움
입구
아치
와디무사
알카즈네
(보물 창고)
뱀 무덤
오벨리스크 무덤
자 발
알 카 라 티 아
N
0
500 미터

위: 구불거리는 통로 시크가 고대 도시를 보호했다.

오른쪽: 시크를 통과하면 알카즈네의 석조 파사드가 가장 먼저 모습을 드러낸다.

게브사막, 동쪽으로 알자우프까지 영향력을 미쳤다. 수도 페트라는 담수가 넉넉하게 공급되는 덕분에 번성했고, 중동의 걸출한 상업 중심지라는 명성을 얻었다. 이 대도시는 반건조 사막에 둘러싸인 바위산 속 오아시스였고, 영광스럽게도 후기 헬레니즘 시대의 그리스 외교 사절이 찾아올 만큼 중요했다.

어떤 자료를 찾아보더라도 페트라의 황금기는 기원전 1세기에서 서기 106년경 사이였던 듯하다. 나바테아의 마지막 왕 라벨 2세가 서기 106년에 사망한 이후 왕국은 별다른 저항 없이 로마제국에 항복했다. 나바테아의 영토는 로마제국에 흡수되었지만, 페트라는 비잔틴 시대 내내 번영했다.

페트라(단순하게 '바위'라는 뜻이다)는 한때 결코 뚫을 수 없는 방어벽이었을 붉은 절벽 뒤에 영광을 감춰 두었다. 도시에 접근하는 주요 관문인 시크Siq는 기다란 산속 틈새를 통해 한참이나 구불구불 이어지는 길이다. 도시 내부로 들어서면 정교하게 조각된 알카즈네al-Khazneh의 석조 파사드가 가장 먼저 맞아준다. 베

두인어로 '보물 창고'라는 뜻인 이 건물은 그야말로 호화롭다. 이 위풍당당한 건물은 왕묘일 가능성이 크다. 아마 아레타스 4세의 오랜 치세(기원전 9년~서기 40년) 중에 바위를 깎아서 지었을 것이다. 페트라 곳곳을 장식한 장엄한 이동 통로와 신전, 왕궁, 개인 주택들 가운데 다수도 이 시기에 들어섰을 것이다. 페트라의 각 구역은 주로 고전적이고 친숙한 그리스·로마식 구조에 맞춰 배치되었다. 도시 중앙에는 거주 구역 폴리스가, 고지대에는 성채 아크로폴리스가, 외곽에는 망자를 위한 묘와 추모 공간을 갖춘 공동묘지 네크로폴리스가 고리 형태로 들어섰다. 동양의 여러 장식과 건축 양식이 독특하고 매혹적으로 어우러져 있고, 이집트 프톨레마이오스 왕조 시기의 건축 세부 사항도 풍부하다.

그런데 서기 636년에 이슬람 군대가 시리아와 팔레스타인, 레바논 지역의 비잔틴제국 영토를 마침내 정복하고 바그다드에 이슬람 세계의 새로운 수도를 건설했다. 이슬람 세력은 적에게 중요한 도시인 페트라를 파괴한 듯하다. 다만 특정 건축물이 입은 손상을 고고학적으로 분석한 결과, 도시에 지진이나 다른 자연재해가 발생했을 수도 있다. 기독교 십자군이 페트라 근처의 알하비산al-Habi mountain 꼭대기에 요새를 건설할 때까지 도시는 버려지고 파괴된 채 흙먼지만 가득할 뿐 텅 비어 있었다. 페트라가 멸망하고 거의 1000년이 흐르는 동안, 그 일대를 오가는 베두인 부족만이 도시에서 일어나는 일을 말없이 지켜보았다.

9세기 벽두에 페트라를 세상에 다시 알린 인물은 요한 루트비히 부르크하르트다. 프랑스군에서 복무하던 스위스인 대령의 아들로 태어난 부르크하르트는 짧은 생애를 사는 동안 어느 전기 작가의 표현처럼 "감쪽같이 모슬렘[원문에 이렇게 표현되어 있다]으로 변장하고 근동을 탐험"했다. 그는 정식으로 이슬람교로 개종하지는 않았지만, 어쨌거나 이집트 카이로의 이슬람교도 공동묘지에 '이브라힘 이븐 압달라Ibrahim ibn Abdallah'라는 이름으로 묻혔다. 그가 중근동 지방을 여행할 때 사용한 가명이었다. 물론, 이 이름에 더없이 잘 어울리는 복장도 갖춰 입고 다녔다. 그는 영국 박물학자 조지프 뱅크스가 설립한 아프리카내륙발견고취협회의 후원을 받아 탐험을 떠났다. 위험한 상황에 자주 맞닥뜨리면서도 그는 헌신적이고 성실하게 임무를 수행했다. 부르크하르트는 아랍어와 《쿠란》을 독학한 후에 먼저 시리아로 출발했고, 낙타 행렬을 이끄는 카라반 무리에 합류해서 알레포Aleppo로 이

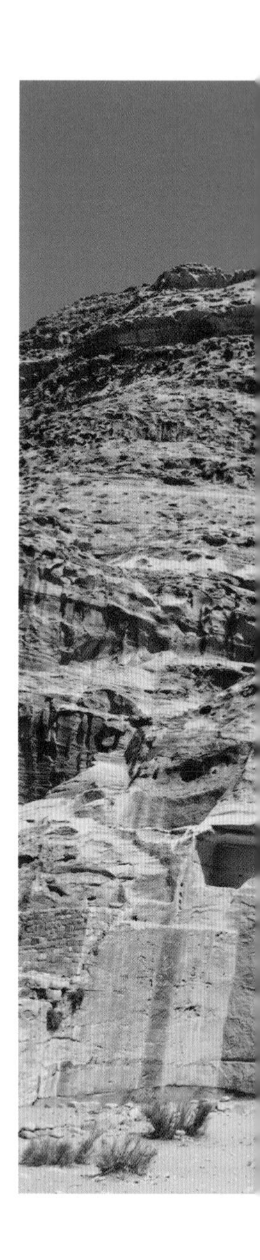

동했다. 이후에는 더 깊숙한 내륙을 향해 극도로 위험천만한 여정을 떠났다. 폐허가 된 고대 도시 팔미라Palmyra를 거친 다음에는 남쪽으로 내려가서 다마스쿠스Damascus를 둘러보았다. 레바논의 트리폴리와 성경에 등장하는 지역들도 살펴보았다. 그는 요르단 모아브Moab의 완만한 구릉지를 통과하던 도중 전설 속의 도시가 가까운 산의 심장부에 파묻혀 있다는 이야기를 들었다. 부르크

아래: 아드데이르는 높은 언덕에 숨어 있다. 알카즈네와 디자인이 비슷하지만, 규모는 훨씬 더 크다.

하르트는 틀림없이 그 도시가 오래전에 잊힌 채 아득한 전설이 되어버린 페트라일 것이라고 짐작했다. 때마침 선지자 아론(모세의 형으로, 모세를 대신해 이집트 왕에게 신의 명령을 전했다—옮긴이)의 무덤이 근처에 있었다. 1812년, 부르크하르트는 그 무덤에 제물을 바치겠다는 핑계를 대고 페트라를 찾아 나섰다. 그는 가이드가 의심의 눈초리로 빈틈없이 감시하는 와중에 용케도 페트라를 발견했다. 그뿐만 아니라 페트라의 위치와 구획 배치를 간략하게 스케치하는 데도 성공했다.

5년 동안 아비시니아Abyssinia(오늘날의 에티오피아)와 수단, 사우디아라비아의 제다Jedda, 이집트를 열띠게 여행한 그는 이질에 걸려서 1817년 10월 17일에 고작 33세의 나이로 세상을 떠났다. 여행하는 내내 꾸준히 기록했지만 정체가 탄로 날까 봐 철저히 비밀에 부쳤던 일기는 사후에 출간되었다. 그런데 페트라 재발견을 확실하게 알려주는 이 일기가 출판되기 전에도 그의 탐험에 관한 소문은 근동 지역을 탐험하던 서구인 사이에서 퍼져 있었다.

1818년, 부르크하르트에 이어 두 번째 유럽인이 페트라를 찾았다. 영국의 노련하고 학구적인 유물 사냥꾼 무리였다. 윌리엄 존 뱅크스와 토머스 리, C. L. 어비, J. 맹글스 등은 부르크하르트처럼 신분을 숨기고 암행하지 않았다. 부르크하르트가 이동한 길을 미리 파악해둔 이들은 총과 식량, 금화를 넉넉히 챙겼을 뿐만 아니라 말과 하인도 대동했다. 심지어 말을 탄 베두인족 대열의 지원을 받고, 지역 족장들에게 허락까지 받아서 페트라로 왔다. 탐험대가 유적에서 이틀을 보낸 뒤 작성한 1만 단어짜리 보고서와 뱅크스가 그린 그림은 수 세기 동안 버려졌던 페트라의 상태를 잘 보여주는 귀중한 자료다. 그러나 뱅크스의 작품은 도싯에 있는 뱅크스 가문의 대저택 킹스턴레이시Kingston Lacy의 캐비닛에 꼼짝없이 머물러 있다가 1981년에야 출판되었다.

진정한 페트라 열풍은 프랑스 고고학자 겸 탐험가 레옹 드 라보르드가 여행기를 출간한 후에야 시작되었다. 라보르드는 훗날 수에즈운하 건설을 진두지휘한 루이 리낭 드 벨퐁과 함께 1828년에 페트라를 성공적으로 탐험하고 돌아왔다. 두 사람의 공저 《아라비아 페트라 여행》은 1830년에 프랑스에서 최초로 발간되었다. 대중은 20점쯤 되는 삽화를 자랑하는 호화로운 2절판 책을 보고 놀라워했다. 1836년에는 삽화가 줄어들고 훨씬 저렴해진 영어 번역본도 시장에 나왔다. 그러자 페트라는 성경을 깊이 믿으며 성지를 방문하던 빅토리아 시대 영국과 미국 관광객 사이에서 낭만적이고 숭고한 순례지로 부상했다. 20세기가 되자 고고학자들이 페트라 유적에서 세밀하고 과학적인 발굴 작업에 나섰다. 도시에 암석을 깎아서 만든 무덤이 619기나 있고, 마찬가지로 바위를 파내서 만든 거주 공간과 문화 공간은 훨씬 더 많다는 사실이 밝혀졌다. 발굴은 여전히 진행 중이다. 이 유적을 품은 지역은 지난 수십 년 동안 정치적·종교적 갈등에 시달렸다. 하지만 페트라는 "거의 시간 그 자체만큼이나 오래된 붉은 장밋빛 도시"로 남아서 무한한 매력을 뿜어낸다.

팀가드

알제리

북위 35° 29' 05.7" / 동경 6° 28' 06.6"

로마제국은 아프리카 북동부를 600년 넘게 지배했다. 그 대신 아프리카 속주는 리비아 태생의 스코틀랜드 정복자 셉티미우스 세베루스와 그 후손을 통치 가문으로 내어놓고 세베루스 왕조를 세웠다. 아프리카 속주 출신 군인과 법률가, 원로원 의원, 사상가도 드물지 않았다. 초기 기독교 신학자인 성 아우구스티누스도 오늘날의 알제리 지역 출신이다. 로마제국 시기 아프리카를 연구하는 역사학자 수전 레이븐이 설명했듯이, "어떤 면에서 볼 때 아프리카는 로마제국 영토 중 가장 로마화한 지역이었고, 결국 제국의 운명에 영향을 미쳤다." 로마는 갈리아 지역에 도시를 단 60군데만 세웠다. 그런데 비교적 좁은 북아프리카 영토(262.5제곱킬로미터)에 세운 도시는 무려 600곳이 넘는다. 그 가운데 하나가 팀가드 혹은 타무가디Thamugadi다. 현재 이 도시는 텅 비어 있지만, 신들이 변덕을 부린 덕분에 일부나마 옛 모습을 간직했다. 신들은 팀가드가 사하라사막의 모래를 덮고 잠들게 했고, 덕분에 이곳은 견고한 로마 속주 도시의 비범한 자태를 지닌 유적이 되었다.

아우레스산맥의 북쪽 사면에 자리 잡은 팀가드는 무無에서(고대 로마인이라면 라틴어 표현 'ex nihilo'라고 말했을 것이다) 창조되었다. 이 도시는 트라야누스황제가 이끄는 아우구스타 제3 군단을 주둔시키기 위해 서기 100년에 정밀하게 설계하고 튼튼한 요새로 지은 군사 정착지였다. 제국의 최남단 변경이었기 때문에 전략적 목적이 무엇보다도 중요했다. 그런데 팀가드 너머 남쪽으로 도로가 더욱 확장되자, 도시 역시 한 치의 오차도 없는 체스판 같은 구획을 넘어서 팽창했다. 역사학자 팀 코넬과 존 매슈스가 《고대 로마 세계 아틀라스》에서 표현한 대로, 새로 생겨난 교외는 "군사 도시 설계자의 계획안을 유쾌하게 무시"하며 성장해나갔다. 성벽 너머로 주요 공공 건물과 호화스러운 고급 주택이 우후죽순 늘어났다. 극장한 군데, 트라야누스황제를 기리는 개선문 하나, 여러 사원과 시장, 광장도 함께 지어졌다. 교외에는 놀랍게도 도서관까지 있었으며, 공중 목욕탕은 무려 14곳이

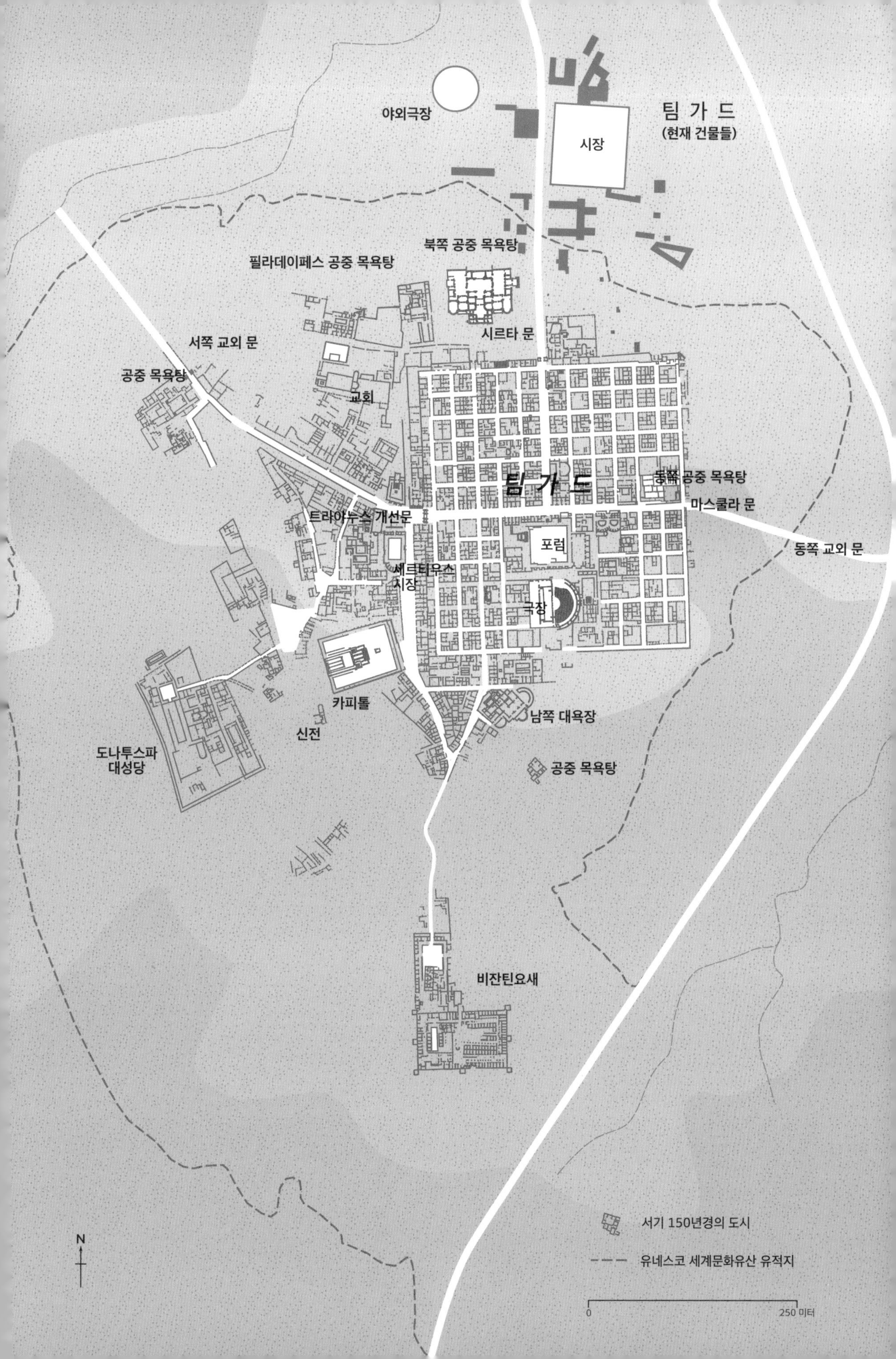

야외극장
팀 가 드
(현재 건물들)
시장
북쪽 공중 목욕탕
필라데이페스 공중 목욕탕
시르타 문
서쪽 교외 문
공중 목욕탕
교회
팀 가 드
동쪽 공중 목욕탕
마스쿨라 문
트라야누스 개선문
포럼
동쪽 교외 문
세르티우스
시장
극장
카피톨
남쪽 대욕장
신전
도나투스파
대성당
공중 목욕탕
비잔틴요새
서기 150년경의 도시
유네스코 세계문화유산 유적지
N
0
250 미터

나 있었다. 사치스러울 만큼 많은 목욕탕은 로마에서 들여온 목욕 문화가 아프리카 속주에서도 인기 있었다는 사실을 증명한다. 속주에 건설된 로마 도시의 일상에서 목욕탕은 광장forum과 도시 원로원curia만큼이나 중요했다. (팀가드광장 바깥의 포석에는 "사냥하고, 목욕하고, 게임을 즐기고, 웃는 것. 이것이야말로 삶이다"라는 글이 새겨져 있다. 팀가드 주민은 숨 막힐 듯 고루한 사람들이 아니었던 모양이다.)

팀가드는 수많은 기독교 교회와 도나투스파 바실리카까지 품으며 4세기까지 건재했다. 하지만 이후 몇백 년 동안 아우레스산맥의 토착 부족에게 공격받아 휘청거렸고, 마침내 아랍인의 침공에 맥없이 무너졌다. 7세기가 되자 그 누구도 살지 않는 폐허가 된 도시는 서서히 모래 속으로 사라졌다. 도시가 다시 빛을 보기까지는 거의 1000년을 기다려야 했다. 1881년, 프랑스의 건축가 겸 고고학자 알베르 발뤼가 이곳을 발굴한 덕분에 도시 일부는 다시 한번 세상에 얼굴을 드러냈다.

오른쪽: 1910년경 팀가드 유적의 모습이 담긴 엽서. 유적은 엽서가 나오기 몇십 년 전에 발굴되었다.

아래: 격자형 설계는 고대 로마의 전형적인 도시 계획 형태다.

알렉산드리아

이집트

북위 31° 12' 01.8"/ 동경 29° 53' 41.0"

'총명하다'라는 의미로 쓰이는 영어 단어 'bright'는 원래 '밝다'라는 뜻이다. 마찬가지로 지식과 관련 있는 'enlightenment'는 본디 '빛을 비춘다'라는 뜻이다. '흐리다'라는 뜻이 있는 'dull'은 다른 사람에게 즐거움을 주지 못하는 '따분함', 지적 능력이 떨어지는 사람을 가리키는 경멸적 표현 '흐리멍덩함'도 의미한다. 의견이나 생각을 (때로는 모욕과 무례를) 주고받는다는 뜻인 'argue'는 고대 그리스어 'argos'에서 비롯했다. '하얗게 빛나다'라는 뜻인 이 낱말에서 귀금속 은을 가리키는 단어 'argent'와 '은의 나라' 아르헨티나Argentina라는 국명도 유래했다. 그런데 고대의 어느 도시는 모든 의미에서 이 '밝음'을 두 배로 누렸다. 알렉산드리아는 고대 7대 불가사의로 꼽히는 유명한 파로스등대뿐만 아니라 문학과 과학, 수학, 철학 저서를 가장 많이 소장한 도서관까지 갖추었다. 알렉산드리아 도서관은 고대 그리스 신화 속 지식과 예술을 관장하고 인간에게 영감을 불어넣는 아홉 여신의 전당, 무세이온Mouseion의 부속 기관이었다. 이 학문의 중심지에서 엘리트 학자들은 플라톤과 아리스토텔레스의 저작을 포함해 방대한 문헌을 마음껏 이용할 수 있었다.

파로스섬에 등대가 생겨나고 대도서관이 지어지기 몇 세기 전만 해도 알렉산드리아는 나일강 삼각주 서쪽 끝자락에 있는 자그마한 어촌일 뿐이었다. 이 보잘것없고 변변찮은 마을은 라코티스Rhakotis라고 불렸다. 그러나 이 어촌은 마리우트호수와 지중해 사이 이집트 북동부 해안에 자리 잡은 덕분에 바다를 곧장 가로질러서 에게해 모퉁이의 로도스섬으로, 다시 그리스 본토로 쉽게 갈 수 있었다. 입지 덕분에 미래의 번영은 이미 보장된 셈이었다. 마케도니아의 알렉산드로스대왕은 기원전 332년에서 331년에 이집트를 정복하고, 기자Giza의 남쪽에 있는 옛 왕도 멤피스Memphis에서 파라오로 즉위했다. 알렉산드로스는 이집트에 다른 정복지와 더 긴밀하게 연결된 기지를 새로 건설하고자 했다. 그가 자신의 이름을 딴 새 도시를 세우기로 선택한 곳이 바로 라코티스였다. 알렉산드리아는 알렉산드로스의 마지막 안식처이기도 했을 것이다. 다만 왕릉의 정확한 위치와 유해의 소재(처음에는 꿀에 담아 보존했다가 나중에 금궤로 옮겼다고 한다)를 두고 여전히 논란이 분분하다. 가장 널리 인정받는 가설에 따르면, 대왕의 시신을 싣고 바빌로니아에서 마케도니아로 향하던 장례 행렬이 프

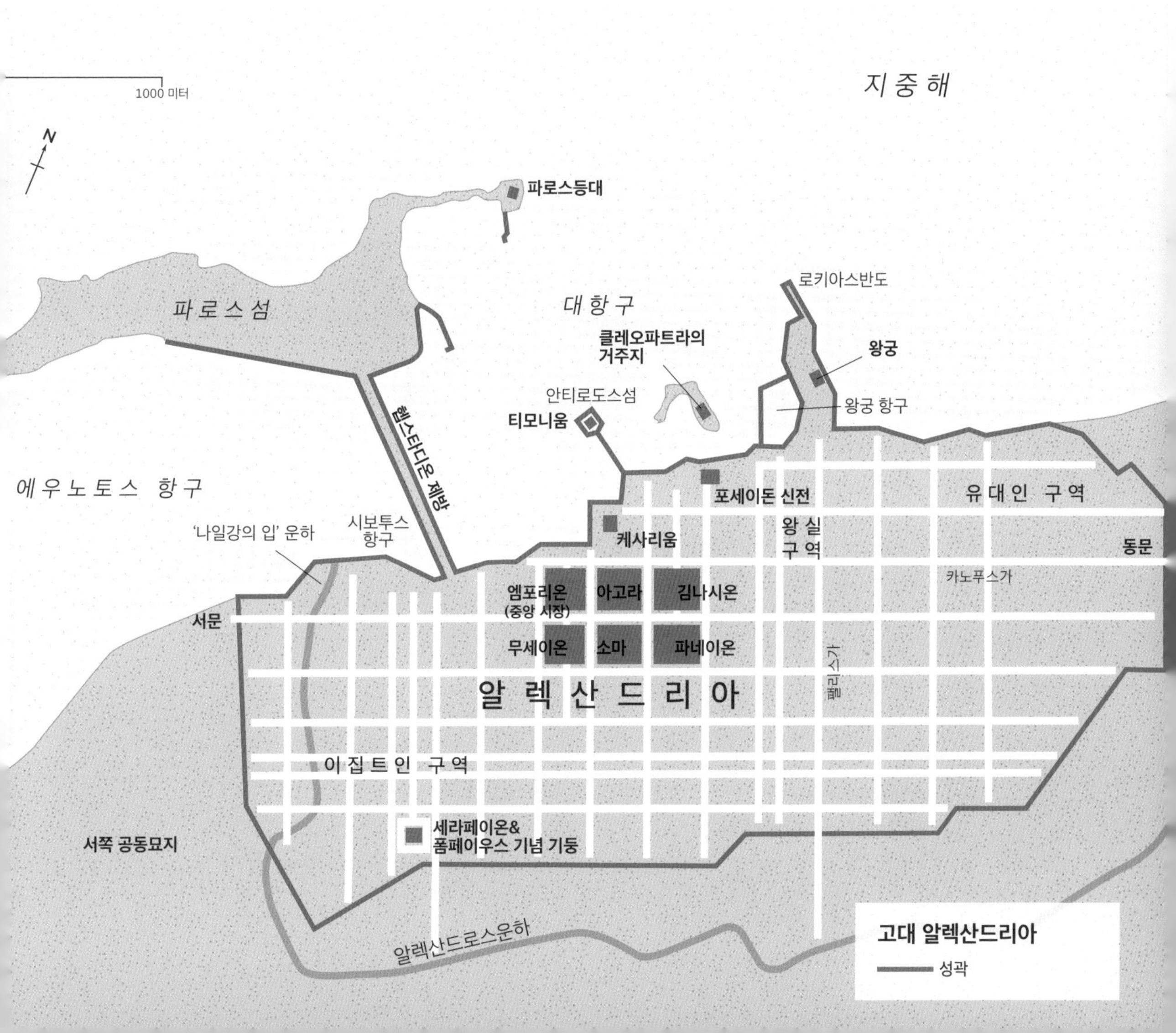

위: 지금은 사라져버린 파로스섬의 등대는 선박을 알렉산드리아 항구로 인도했다. 고대 세계의 7대 불가사의 가운데 하나로 꼽힌다.

톨레마이오스 1세 소테르의 간사한 속임수 탓에 이집트로 들어서고 말았다.

알렉산드로스 휘하의 탁월한 마케도니아 장군이자 이집트 총독이었던 소테르는 왕이 후사 없이 세상을 뜨는 바람에 제국이 해체되자 권력 공백 상태를 유리하게 활용했다. 교활한 방법을 동원해서라도 알렉산드로스대왕의 유해를 손에 넣는다면 왕위 계승을 인정하는 옥새를 얻는 것이나 다름없었다. 마침내 기원전 306년, 소테르는 이집트와 주변 영토를 지배하는 군주가 되었다. 프톨레마이오스 왕조는 이렇듯 부정하게 출발했지만, 이집트를 300년 동안 다스렸다. 정치와 문화를 상당히 안정시키고 예술과 학문을 한없이 후원하며 전례 없는 시대를 열었다. 그리고 기원전 30년, 왕가의 마지막 군주인 클레오파트라 7세 필로파토르의 자살로 막을 내렸다.

프톨레마이오스 1세는 기원전 313년에 이집트 궁정을 (아마 알렉산드로스대왕의 무덤도 함께) 멤피스에서 알렉산드리아로 옮겼다. 천도는 그가 이집트 통치기 초반에 내린 결정 가운데 가장 중요했다. 안타깝게도 멤피스는 별 볼 일 없는 도시로 시들었지만, 알렉산드리아는 왕실의 후원을 등에 업고 헬레니즘 세계에서 가장 위대한 도시 중 하나로 발돋움했다. 지중해를 바라보는 위치에 들어서고, 질서정연하며 고전적인 격자형 배치로 설계되고, 왕실 공동묘지의 심장부에 알렉산드로스대왕의 석관까지 품은(품었을) 알렉산드리아는 이집트 속의 그리스 도시로 계획되었다. 도시는 위풍당당한 항구 두 곳을 중심으로 지중해와 홍해의 무역을 지휘했다. 세계 각지에서 몰려든 주민은 무려 10만 명이 넘었다. 그때까지 존재한 어느 도시보다 규모가 컸다. 지배 계층인 그리스 마케도니아인과 토착 이집트인, 유대인은 각각 다른 구역에서 생활했다. 이 개방적인 대도시에서 시민은 대체로 각자의 신앙 생활과 종교 전통을 자유롭게 영위할 수 있었다.

알렉산드리아 앞바다 파로스섬에 지어진 유명한 등대는 선박을 인도할 목적으로 세운 최초의 건축물로 평가받는다. 프톨

왼쪽: 알렉산드리아의 동쪽 항구 밑바닥에서 건져 올린 조각상 두 점.

레마이오스 1세의 지시로 기원전 3세기 초반에 완공되었으며, 600년 넘게 우뚝 서서 알렉산드리아 항구의 입구를 지켰다. 등대는 도시 그 자체를 상징했고, 프톨레마이오스 왕조 내내 동전과 모자이크에 나타났다. 그런데 고대 후기가 되자 알렉산드리아를 대표하는 이 놀라운 건축물에 관한 언급이 사라져버렸다. 짐작건대 끔찍한 자연재해로 무너진 듯하지만, 등대가 정확히 어떻게 종말을 맞았는지는 여전히 불투명하다. 등대의 잔해조차 전혀 발견되지 않았다.

알렉산드리아의 또 다른 혁신, 도서관의 운명도 등대 못지않게 음울하다. 마케도니아 출신 파라오는 왕국의 수도를 지중해 전역에 지식의 빛을 비추는 학문의 등대로 만드는 데 열성이었다. 왕은 아테네 팔레론의 데메트리우스를 초청해서 왕립 도서관과 학술원을 설립해달라고 요청했다. 도서관에 이끌려 알렉산드리아를 찾은 학자 가운데는 '기하학의 아버지' 유클리드도 있었다. 에라토스테네스는 한때 수석 사서를 맡았다. 시인이자 비평가, 지도 제작자였던 그는 최초로 지구 크기를 계산하려 한 인물 가운데 한 명으로 꼽힌다. 주로 시칠리아 시라쿠사에서 활동한 아르키메데스도 혁신적인 나선식 양수기를 개발할 때 알렉산드리아 도서관에서 도움을 얻었다. 그는 출간한 저작 일부를 도서관 사서들에게 헌정하기도 했다.

기원전 47년 율리우스 카이사르가 알렉산드리아를 침공하던 중 도서관에 불을 질렀다는 소문이 오랫동안 전해졌으나, 현재는 신빙성이 없는 이야기로 여겨진다. 천문학자 클라우디우스 프톨레마이오스는 하드리아누스황제 재위 말기에 알렉산드리아에서 활동했는데, 기하학을 연구하고 《천문학 집대성Megale Syntaxis tes Astoronomias》을 집필할 때 도서관의 무수한 문헌을 참고할 수 있었던 듯하다. 도서관이 끝내 어떻게 되었는지 알려주는 기록은 전혀 없다. 아리스토텔레스의 저서도 틀림없이 포함했을 소장 자료가 어떤 운명을 맞았는지도 역시 알 수 없다. 정말로 쓰라린 아이러니다. 하지만 2004년에 고고학자들이 왕궁이 있던 왕실 구역 부르케이온Bruchion을 발굴하던 중 강단 단지로 보이는

구조물을 발견했다. 역사가 2000여 년 전으로 거슬러 올라가는 이 건물은 알렉산드리아 도서관의 일부였을지도 모른다.

도서관이 어떻게 소실되었든(더불어 등대가 어떻게 소실되었든), 알렉산드리아는 이집트가 로마의 속주로 있던 몇백 년 동안 중요한 도시였다. 국가의 주신인 세라피스Serapis(프톨레마이오스 왕조가 이집트와 그리스의 여러 신 개념을 혼합해서 만든 신—옮긴이)에게 바친 신전들이 허물어진 후에도, 기독교가 전래한 후에도 알렉산드리아는 무너지지 않고 버텨냈다. 하지만 서기 365년에 일어난 지진은 버티지 못했다. 장대한 왕궁 부지 아래로 지면이 꺼

졌고, 고대 알렉산드리아의 주요 부분은 영원히 바닷물 속에 잠기고 말았다.

아래: 오늘날 동쪽 하구의 카이트베이요새가 있는 곳에는 원래 등대가 있었다.

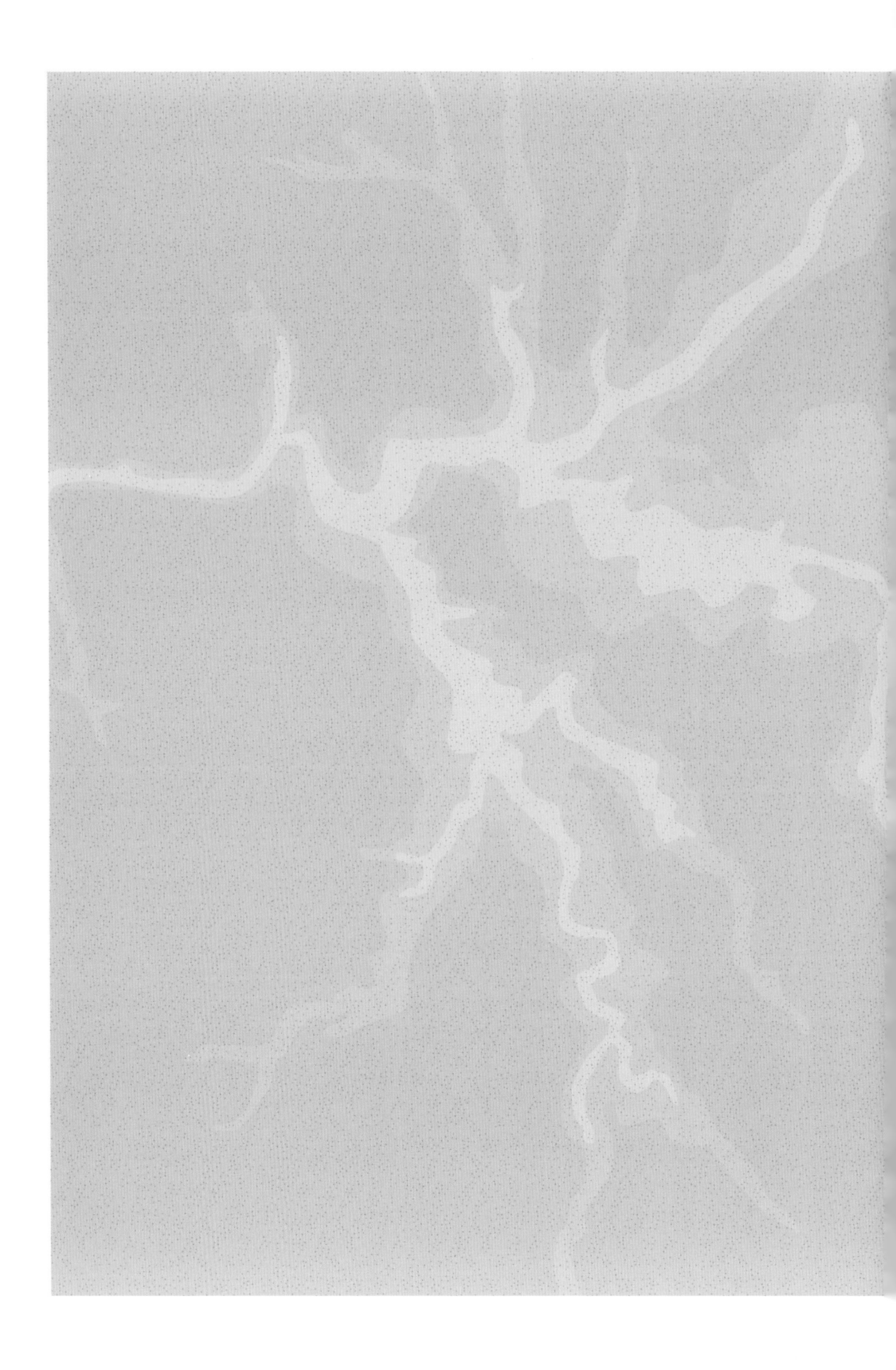

잊힌 땅

FORGOTTEN LANDS

찬찬

페루

남위 8° 06' 20.1" / 서경 79° 04' 28.7"

전하는 이야기에 따르면, 찬찬의 기원은 어느 카리스마 넘치는 이방인이 갈대를 엮어서 만든 배를 페루 북동부 트루히요Trujillo의 바닷가에 댄 순간으로 거슬러 올라간다. 이 이방인은 그때까지 누구도 본 적 없는 낯선 배를 타고 오직 신만이 알 곳에서 항해해왔다(어쩌면 그가 신이었는지도 모른다). '바다 건너편에서 온' 이 사내의 이름은 타카이나모였다. 비범한 지혜를 지닌 그는 이곳 사람들에게 예술과 농업, 관개, 건축, 법률과 치안, 도시 계획을 가르쳐주겠노라 제안했다. 경외심에 찬 사람들은 그 값진 선물을 당연히 뿌리치지 못했다.

타카이나모는 모든 분야에서 눈부신 재능을 자랑했다. 방대한 지식을 다른 사람들과 나누는 데도 전혀 인색하지 않았다. 그런데 그는 지혜의 정수를 베푸는 대가로 헌신적 숭배를 요구했다. 찬찬 사람들은 타카이나모의 냉혹하고 완전무결한 통치에 절대적 충성을 바쳐야 했고, 타카이나모가 당연히 최상위에 있는 엄격한 계급 사회를 기꺼이 받아들여야 했다.

엄중한 사회 질서는 모체계곡Moche Valley의 해안가에서 발생해 곧 에콰도르 남부부터 페루 중부까지 965킬로미터 넘게 팽창해나간 치무문명을 정의하는 특징이 되었다. 위계가 뚜렷한 계급 구분은 치무의 창조 신화에도 녹아들었다. 야금술에 뛰어난 태양신이 지구를 만들고, 알 세 개로 인간도 만들어냈다고 한다. 이때 인간들이 태어난 알은 스포츠 대회 메달처럼 등급이 매겨진 금과 은, 구리로 이루어져 있었다. 계급 질서는 타카이나모가 세웠다고 전하는 위대한 수도 찬찬의 설계에도 물리적 형태로 생생하게 구현되었다.

다소 복잡한 건국 신화에서 타카이나모는 자신의 왕국이 몰락하자 다른 곳에서 새롭게 출발하려고 충성스러운 측근과 함께 달아난 군주로 묘사되기도 한다. 타카이나모가 건설했든 아니든, 찬찬은 유럽인이 도착하기 전까지 아메리카에서 가장 큰 도시였다. 더욱이 전 세계에서 어도비 점토 벽돌로 지은 도시 가운

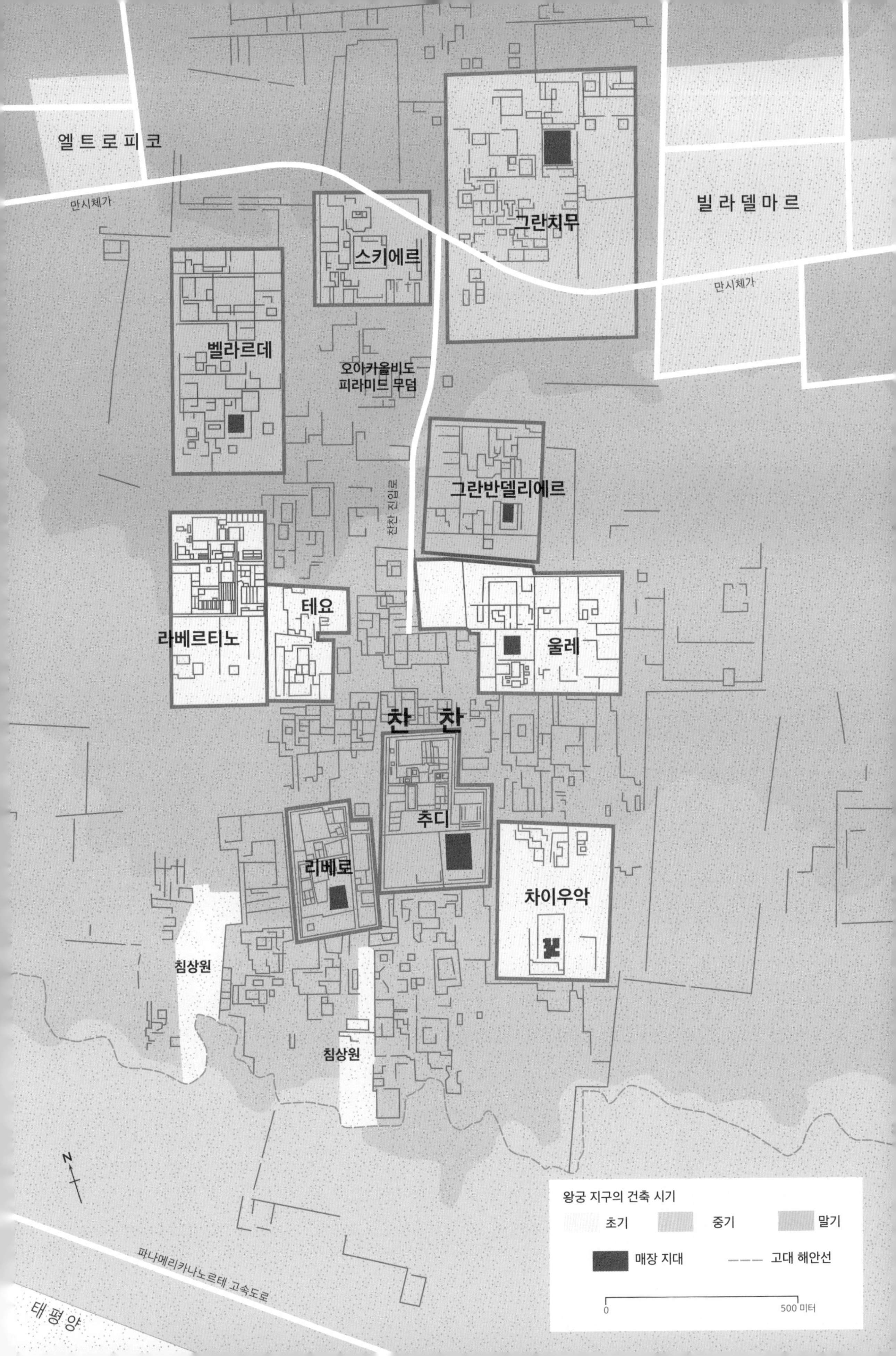
엘트로피코
만시체가
스키에르
그란치무
빌라델마르
만시체가
벨라르데
오아카올비도
피라미드 무덤
그란반델리에르
찬찬 진입로
라베르티노
테요
울레
찬 찬
추디
리베로
차이우악
침상원
침상원
N
왕궁 지구의 건축 시기
초기
중기
말기
매장 지대
고대 해안선
0
500 미터
파나메리카나노르테 고속도로
태평양

왼쪽: 찬찬유적박물관에 전시된 조각상.

오른쪽: 찬찬 고고학 유적지의 성벽으로 둘러싸인 동쪽 성채.

데 가장 웅대했다. 서기 850년경에 탄생한 찬찬은 모든 면에서 거대했다. 흙으로 쌓아 올린 이 대도시는 20제곱킬로미터나 되는 땅을 차지했고, 자율적인 성채 아홉 개(열 개라는 설명도 있다)로 구성되었다. 각 성채에는 화려한 프리즈로 장식한 왕궁과 신전, 안팎으로 담벼락을 두른 안뜰, 광장, 관청이 있었다. 사제와 조신, 하인, 경비병이 거주하는 구역도 각각 따로 들어섰다(각 구역은 서로 확연히 달랐다). 그 너머로 서비스 시설은 물론 작업장과 과수원, 농장이 요즘의 산업 단지처럼 빼곡하게 들어차 있었다. 찬찬의 인구는 최소 3만 명 정도였다. 치무제국의 화려한 황금기에는 인구가 6만 명이나 되었을 것으로 추정된다. 수로와 운하, 우물 체계가 고도로 발달한 덕분에 도시는 끊임없이 물을 공급받았다. 실제로 유네스코는 치무문명이 "신세계에서 진정한 최초의 공학 사회"라고 일컬었다.

하지만 진보한 공학은 1470년경에 페루 북부를 휩쓴 잉카 반란군의 진격을 막아내지 못했다. 찬찬은 약탈당하고 일부 파괴되어 무너졌다. 치무제국은 순식간에 최후를 맞았다. 1532년에 스페인 콩키스타도르 프란시스코 피사로가 당도했을 때 찬찬은 완전히 버려진 상태였다. 그러나 허물어지지 않은 건물 다수에는 정교하게 금과 은을 새긴 사치스러운 장식이 남아 있었다. 스페인 정복자들은 조금도 지체하지 않고 장식품을 벗겨냈다.

게다가 치무 귀족들이 가장 소중한 부장품과 함께 묻혔다고 믿고 묘지와 성벽, 건물 복도에 남몰래 감추어져 있을 귀금속을 손에 넣고자 도시를 전부 파괴해버렸다. 스페인인은 찾아낼 수 있는 것을 모조리 긁어모은 다음, 진흙 벽돌 건물에 자비를 베풀지 않는 비바람에 찬찬을 맡겨두고 떠났다.

1986년, 찬찬은 유네스코의 '위험에 처한 세계유산목록World Heritage in Danger'에 올랐다. 그 후로 도시 유적을 보존하려는 뜻깊은 작업이 꾸준히 이루어졌지만, 찬찬의 상태는 계속 나빠지고 있다. 암울하게도 유적은 최근 더욱더 빠르게 무너지는 중이다. 2007년에 유네스코는 현재 침식 수준이 "급격하고 막을 수 없어 보인다"고 판단했다. 찬찬이 신생 도시였을 때 20년에서 50년마다 한 번씩 일어난 엘니뇨 폭풍이 요즘은 우려스러울 정도로 자주 발생해서 페루 전역을 휩쓰는 데다 강우량도 증가했다. 거센 비바람은 느리지만 분명하게 도시를 쓸어버릴 것이다.

로어노크

미국

북위 35° 52' 53.3" / 서경 75° 39' 17.4"

로어노크에서 식민지를 개척하고 초대 총독을 지낸 존 화이트는 예술가이자 지도 제작자였다. 화이트가 수채화로 정교하게 그린 식민지 지도를 남겼으니, 요즘 사람들은 로어노크에 찾아가기가 쉬우리라고 생각할 것이다. 로어노크는 잉글랜드가 북아메리카 신세계에 최초로 식민지를 건설하려고 진지하게 시도한 곳이다. 그러나 이곳의 정확한 위치는 아직도 논란이 분분하다. 1587년 이후 로어노크 식민지 주민에게 닥친 운명은 훨씬 더 불가사의하다. 400년 넘게 추측이 이어졌지만, 미스터리는 조금도 해결되지 못했다.

아일랜드를 잔혹하게 진압하고 식민 통치했던 하원의원이자 군인, 항해 탐험가 험프리 길버트 경은 1577년에 엘리자베스 1세에게 〈여왕 폐하께서 스페인 왕을 괴롭힐 방법〉이라는 제안서를 올렸다. 바로 이 제안서에서 로어노크의 역사가 시작된다. 길버트는 프로테스탄트 국가 잉글랜드가 가톨릭 국가 스페인에 더욱 공격적 태도를 보여야 한다고 주장했다. 1570년에 교황이 엘리자베스 1세를 파문한 후로 스페인은 잉글랜드의 종교적 적이 되었다. 더욱이 스페인은 아메리카 식민지에서 상당한 양의 자원을 빨아들인 덕분에 상업과 해상 무역에서도 갈수록 성가신 경쟁국이 되었다. 길버트는 뉴펀들랜드 앞바다에서 조업하는 스페인 어선단을 사로잡고, 아메리카에서 약탈한 금은보화를 스페인으로 실어 나르는 선단을 가로채고, 쿠바를 점령하자고 촉구했다. 여왕은 길버트의 제안을 거의 모두 묵살했다. 다만 "어떠한 기독교 군주도 사실상 소유하지 않고 기독교도가 거주하지도

포와탄
제임스타운
체서피크만
제임스강
햄프턴 수도(水道)
버지니아 식민지
체스피언
대서양
메헤린강
백만
초와노크
초완강
패스쿼탱크강
위페미어크
모라토크
알베말만
로어노크 식민지
로어노크
망고어크
로어노크강
노스캐롤라이나 식민지
피섬
세코탄
마타머스킷호수
크로아탄
팜리코강
해터러스섬 (옛 크로아토안섬)
뉴스강
팜리코
팜리코만
해터러스곶
코리
룩아웃곶
1585년 식민지 위치
1590년 이후 사라진 식민지 주민이 존재했을 가능성이 있는 위치
굵은 글자 아메리카 원주민 부족
습지대
0
50 킬로미터
N

않는 이교도의 땅" 북아메리카에 식민지를 세워도 좋다는 헌장을 내주었다. 길버트는 엘리자베스 여왕을 위해 뉴펀들랜드섬을 합병하는 데 성공했다(이 사건은 훗날 등장할 대영제국을 연 개막전으로 평가받는다). 하지만 그는 승리를 거두고 당당하게 고국으로 배를 몰던 중 1583년에 아조레스제도Azores Islands에서 폭풍을 만나 배와 함께 목숨을 잃었다.

식민지 건설의 임무는 길버트의 이복동생 월터 롤리 경이 이어받았다. 1584년 4월, 롤리는 배 두 척을 북대서양 해안으로 파견했다. 7월 4일, 필립 아마다스 선장과 아서 바를로 선장은 포르투갈 태생의 노련한 키잡이 시몬 페르난데스의 도움을 받아 현재의 노스캐롤라이나 해안에 닿았다. 그들은 '아우터뱅크스Outer Banks'의 위험천만한 소해협 사이를 헤치고 나아간 후 닻을 내렸고, 상륙지를 잉글랜드 영토로 선언했다(얼마 후 이곳에는 엘리자베스 1세의 별칭 '처녀 여왕Virgin Queen'에서 따온 '버지니아'라는 이름이 붙었다). 선원들은 맨테오Manteo와 완치스Wanchese라는 알곤킨족Algonquian 원주민 두 명과 친해져서 함께 잉글랜드로 돌아왔다. 그리고 버지니아, 특히 로어노크라고 불리는 섬에 관해 터무니없이 열광적인 보고서를 제출했다. 그러자 잉글랜드는 배 일곱 척으로 꾸린 함대를 다시 버지니아로 보내서 영구적인 기지를 건설하기로 했다.

로어노크 식민지를 세우려던 첫 시도는 성공적이었을지 몰라도, 이 두 번째 원정은 난관에 부딪혔다. 식민지는 얼마 지나지 않아서 수명을 다했다. 식민지를 이끌던 리처드 그렌빌 경과 랠프 레인 경이 개인적으로 격심한 불화를 일으켰다. 식민지 주민들은 갖은 육체적 고난에 시달렸다. 식량이 부족해져서 어느 탐험대는 마스티프 종 개 두 마리를 잡아먹었고, 개고기마저 떨어진 후에는 "사사프라스 나뭇잎을 끓인 죽"으로 근근이 버텨야 했다. 아마 최악은 현지 원주민 부족과 맺은 관계가 위험할 정도로 나빠진 상황이었을 것이다. 식민지 주민은 은잔을 도둑맞았다고 의심해서 앙갚음으로 원주민 마을에 불을 질러버렸다. 이 방

위: 로어노크섬에 건설된 식민지 삽화.

화로 그해 수확한 옥수수가 모조리 불탔을 것이다. 더 큰 손실을 보기 전에 식민 사업에서 손을 떼기로 한 정착민들은 로어노크에 상비 병력으로 사내 열다섯 명과 2년치 보급품을 남겨두고 잉글랜드로 돌아갔다. 로어노크에서 벌어진 일을 낱낱이 따져보고 식민지의 미래를 위한 새로운 계획을 숙고할 예정이었다.

잉글랜드에서는 과연 로어노크가 영구적인 식민지를 건설하기에 이상적인 장소인가 하는 의문이 제기되었다. 제2차 원정대는 로어노크 주변 지역을 널리 탐사해서 현지 지형을 조금 더 자세히 파악했다. 섬과 가까운 소해협은 너무도 좁아서 커다란 선박이 지나다니기에 어려웠고, 제법 규모가 큰 항구를 세울 수도 없었다. 북쪽에 있는 체서피크만Chesapeake Bay 근방이 더 가능성 있는 대안으로 제시되었다. 1587년 5월에 플리머스Plymouth 항구를 떠난 제3차 원정대가 도착해야 할 목적지도 체서피크만으로 정해졌다.

전원이 남성이었던 기존 원정대와 달리, 이번 원정대 100여 명 가운데는 여성도 있었다. 다양한 연령대의 남녀가 포함된 원정대는 아메리카에 영원히 뿌리내릴 씨앗을 심겠다는 의도를 분명히 나타냈다. 새로운 총독이 된 존 화이트는 처참했던 제2차 원정을 몸소 겪어보고도 식민지의 미래가 희망 차리라고 믿었다. 임신한 딸 엘리너Eleanor와 사위 애너나이어스 데어Ananias Dare를 설득해서 데려가기까지 했다.

바로 이 순간부터 이야기가 불확실해지기 시작한다. 전하는 설명은 자기중심적이거나 순전한 모순 덩어리라 신뢰하기가 힘들다. 다만 확실한 사실은 키잡이 시몬 페르난데스가 알 수 없는 이유로, 또는 교활하고 비열한 동기에서 (어쩌면 엘리자베스 여왕의 밀정에게서 지령을 받고) 체서피크만까지 배를 몰지 않겠다고 우겼다는 것이다. 결국 배는 1587년 7월 22일 로어노크에 닿았다.

식민지 개척자들은 어려운 상황을 극복하기 위해 최선을 다했다. 기존 정착지에 남아 있던 것을 임시로 수리하고, 새로운 말뚝 울타리를 세웠다. 그런데 제2차 원정대가 남겨놓고 떠난 남성 열다섯 명은 전혀 보이지 않았다. 인골로 보이는 뼈만 몇 구 나왔을 뿐이었다. 1587년 8월 18일, 엘리너 데어가 딸을 낳았을 때 모두가 크게 기뻐했다. 아메리카에서 태어난 첫 잉글랜드인인 아기는 일요일에 세례를 받고 버지니아라는 세례명을 얻었다. 정착민들은 이 행복한 사건으로 기운을 되찾았겠지만, 새 생명의 탄생은(며칠 후 다른 아기도 태어났다) 오히려 그들의 처지가 얼마나 위태로운지 선명하게 일깨워주었다. 먹여 살려야 할 입이 둘이나 늘어난 데다 혹독한 가을과 겨울이 점점 다가오면서 식량 공급이 벌써 한계를 맞은 것 같았다. 화이트는 내키지 않았지만 잉글랜드로 돌아가서 더 많은 식량과 새로운 인원을 보충해 이듬해 봄에 돌아오는 데 동의했다.

1587년 8월 27일, 화이트는 딸과 태어난 지 겨우 아흐레가 지난 손녀를 비롯해 식민지 주민 119명에게 작별을 고하고 배에 올랐다. 주민들은 화이트가 몇 달 안에 돌아오리라고 굳게 믿었

오른쪽: 로어노크섬의 포트롤리 국립사적지에서는 'CRO'가 새겨진 나무를 재현해놓았다.

다. 그런데 잉글랜드와 스페인 사이에서 전쟁이 터지고 다른 불운까지 연달아 겹치는 바람에 화이트는 거의 3년 동안 아메리카 땅을 다시 밟지 못했다. 그러는 동안 로어노크 식민지에 관한 소식도 뚝 끊겼다.

마침내 화이트는 로어노크 근처까지 돌아갔다. 저 멀리 섬에서 피어오르는 연기를 보고 마음이 들뜨기까지 했다. 그런데 1590년 8월 18일에 섬에 도착했더니 식민지는 완전히 버려져 있었다(연기는 정착촌 근처에서 일어난 자연 산불 때문이었다는 사실이 나중에 밝혀졌다). 화이트와 동료들이 사람의 흔적이나 식민지 주민에게 벌어진 일에 관한 단서를 찾아 헤맸지만 전부 헛일이었다. 어느 나무의 껍질에 "CRO"라는 "선명한 로마자"가, 주변의 말뚝에 대문자 "CROATOAN(크로아토안)"이 새겨져 있는 것만 발견했을 뿐이다. 크로아토안은 로어노크에서 남쪽으로 80킬로미터 정도 떨어진 섬이었고, 이름이 지명과 똑같은 원주민 부족이 살고 있었다. 아무래도 식민지 주민은 화이트가 생필품을 가지고 돌아오기를 몇 달 동안 간절하게 기다리다가 결국 크로아토안섬으로 떠나고 만 것 같았다. 화이트는 굶주리고 병든 그들이

오른쪽: 로어노크섬 페스티벌 공원에 있는 16세기 범선 복제품.

나무에 글자를 새기는 모습을 상상할 수 있었다. 언젠가 그가 메시지를 발견하고 크로아토안섬으로 찾아오리라는 희망을 품었을 것이다. 그러나 화이트는 식민지 주민을 찾아 나서지 못했다. 폭풍이 몰려와 날씨가 험악해져서 더는 해안을 따라 수색할 수 없었다. 상황이 긴박해지자, 선장이 적어도 침몰만큼은 막기 위해 카리브해로 돌아가야 한다고 주장했다. 결국 배는 잉글랜드를 향해 부리나케 달아났다. 화이트는 두 번 다시 아메리카 땅을 밟지 못했다.

로어노크 식민지 개척자들에게 어떤 운명이 닥쳤는지 확실하게 알려진 것은 전혀 없다. 로어노크 주민이 사라지고 20여 년 후, 더욱 끈질긴 식민 개척 후계자들이 제임스타운Jamestown(버지니아 동부의 마을로, 영국이 북아메리카에 세운 최초의 항구적 식민지—옮긴이)에서 해안을 따라 이동하며 수색했지만 아무런 소득도 얻지 못했다. 탐험가 존 스미스는 아메리카 원주민에게서 로어노크의 생존자들이 파크라카닉Pakrakanick과 오카나호난Ocanahonan이라는 곳에 살고 있다는 소문을 들었다. 그러나 그곳의 정확한 위치는 여전히 알려지지 않았다. (덧붙이자면 로어노크 식민지의 정확한 위치도 불분명하다. 섬의 북부가 침식되었는데, 이는 해수면이 상승해 바다의 조수가 정착촌이 들어선 지역의 상당 부분을 집어삼켰으리라는 의미다.) 이후 수백 년 동안 숱한 가설이 제기되었다. 대개 이런 가설은 원주민 부족의 살인이나 납치부터 스페인 정복자들의 학살, 무시무시한 해일에 의한 식민지의 완전한 파괴까지 온갖 섬뜩한 이야기를 늘어놓는다. 덜 잔인한 이론도 있다. 로어노크 식민지 주민이 아메리카 원주민 사회에 흡수되었을지도 모른다는 것이다. 어쩌면 식민지에 남았을 항해에 부적합한 소형 돛배를 타고 잉글랜드로 돌아가려던 중에 바다에 빠져서 죽고 말았을 수도 있다.

바게르하트의 모스크 도시

방글라데시

북위 22° 40' 07.2" / 동경 89° 45' 19.0"

널리 알려진 전설을 들어보면, 칸 자한 알리는 악어 두 마리를 타고 오늘날 바게르하트로 알려진 곳에 왔다. 그는 유능하고 자애로운 통치자이자 전사, 수문학자, 모스크 건설자, 수피교 선지자였다. 출신은 '페르시아 태생'이나 인도 북부 출생, 혹은 우즈베크의 튀르크족으로 다채롭게 일컬어진다. 그는 델리를 다스리는 술탄의 명령으로 1398년경에 인도 아대륙의 동쪽 해안가 변방으로 파견된 듯하다. 그를 따르는 군대와 함께 (악어까지 데려왔을 수도 있다) 당도한 지역은 당시 다 죽어가는 벽지였다. 맹그로브 숲이 우거진 이곳 삼각주에서 갠지스강과 브라마푸트라강이 합류해 벵골만으로 흘러 들어갔다. 그의 임무는 순다르반스Sundarbans로 알려진 이 늪지에서 '땅을 개간하고 경작하는 것'이었다. 아울러 강어귀 벽촌에 이슬람 식민지도 세워야 했다.

칸 자한 알리는 인간적 매력과 독실한 신앙심, 뛰어난 조직 능력과 통솔력, 실용적인 농업·공학 지식을 발휘해서 호랑이가 우글거리는 밀림을 드넓은 논으로 바꾸어나갔다. 그는 바이랍강 기슭에 할리파타바드Khalifatabad라는 새 도시를 세웠다. 다리와 도로를 건설하고, 제방을 쌓아 강의 물길을 바꾸어서 도시와 논에 담수를 공급했다. 튼튼한 요새로 꾸린 할리파타바드는 술탄의 두 번째 명령과 칸 자한 알리의 열렬한 신앙에도 걸맞은 도시였다. 적어도 구전에 따르면 이 우아한 대도시에 모스크가 360군데나 있었다고 한다(아마 50군데가 진실에 더 가까울 것이다).

칸 자한 알리는 너무도 겸손해서 왕위를 마다한 채 그저 '위대한 자민다르zamindar(대지주)'로 지냈고, 끝내 '세속적인 일'에서 물러나 고행 수도자로서 말년을 보냈다. 1459년 10월 25일에 세상을 뜬 후에는 돔 하나짜리 영묘에 묻혔다. 그가 직접 장소를 골랐다는 영묘는 타쿠르디기Thakur Dighi로 불리는 잔잔한 연못의 북쪽 기슭에 있다. (몹시 늙은 악어 두 마리가 이 연못을 밤낮으로 철통같이 지켰다. 사람들이 사랑과 존경을 담아 달라파하르Dhalapahar와 칼라파하르Kalapahar라는 이름을 붙여준 이 악어들은 위대한 전사이자 성인 칸 자한 알리를 이곳으로 데려온 악어의 먼 후손이라고 한다. 달라파하르와 할라파하르가 각각 2011년과 2014년에 숨지자, 새로운 새끼 악어가 연못을 지키고 있다.)

칸 자한 알리가 숨지고 수백 년 만에 할리파타바드 혹은 훗날의 이름대로 바게르하트는 버려지고 말았다. 칸 자한 알리와 추종자들이 그토록 공들여서 길들인 밀림이 그 어느 때보다 맹렬하게 자라났다. 갈대와 갖가지 넝쿨이 도시 건물을 휘감으며 생명을 목 졸랐다. 이끼와 말무리, 잎이 길게 갈라진 야자가 도시의 호수와 연못을 집어삼켰다.

1890년대에 바게르하트에 대한 탐사가 시작되었다. 그러나 꿈결에 빠진 도시는 한참 후에야 잠에서 깨어났다. 20세기 초반, 초기 이슬람 유적과 벽돌 모스크 중 가장 훌륭한 예시를 포함해 도시의 중요 건축물 일부를 복원하는 작업이 첫 삽을 떴다. 하

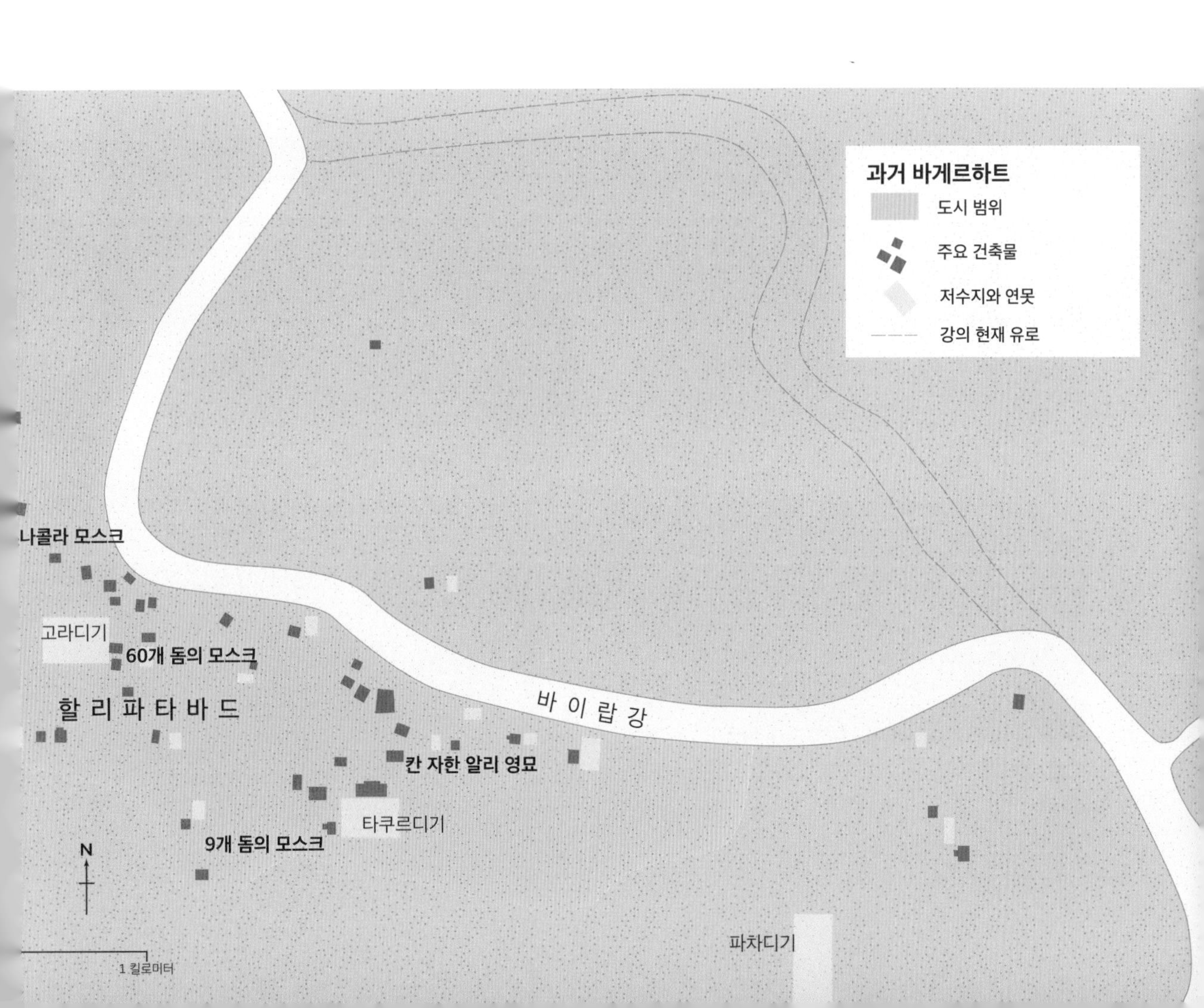

왼쪽: 60개 돔의 모스크 내부는 단순하면서도 독창적인 설계를 보여준다.

왼쪽 아래: 60개 돔의 모스크 외부. 아무런 장식이 없는 벽돌 파사드로 이루어져 있다.

지만 오늘날에도 수많은 건축물이 더욱더 낡은 폐허로 남아 있다. 황마 밭과 대나무 숲이 둘러싼 풍경 속에서 허물어진 유적은 오히려 낭만적으로 느껴지기까지 한다. 추나콜라 모스크는 어느 여행 안내서의 표현처럼 "이 지역의 험상궂은 날씨 탓에 심하게 손상"되었지만, 조금도 과장하지 않고 말하건대 단연코 그림처럼 아름답다. 광범위하게 복원된 9개 돔의 모스크와 샤트곰부즈 마스지드Shat Gombuj Masjid 혹은 60개 돔(또는 예순 기둥)의 모스크, 칸 자한의 영묘는 몹시 금욕적이면서도 눈을 뗄 수 없을 만큼 장엄하다. 이들 건축물의 독창적 설계는 꾸밈없이 소박하다. 아무런 장식도 없는 벽돌 파사드와 웅장한 돔은 세월의 자취가 묻어 고색창연한 품위가 느껴진다. 이 건물들은 다행히도 붕괴를 피했지만, 오래도록 고립되고 방치되는 동안 퇴락한 흔적이 켜켜이 쌓여 있다.

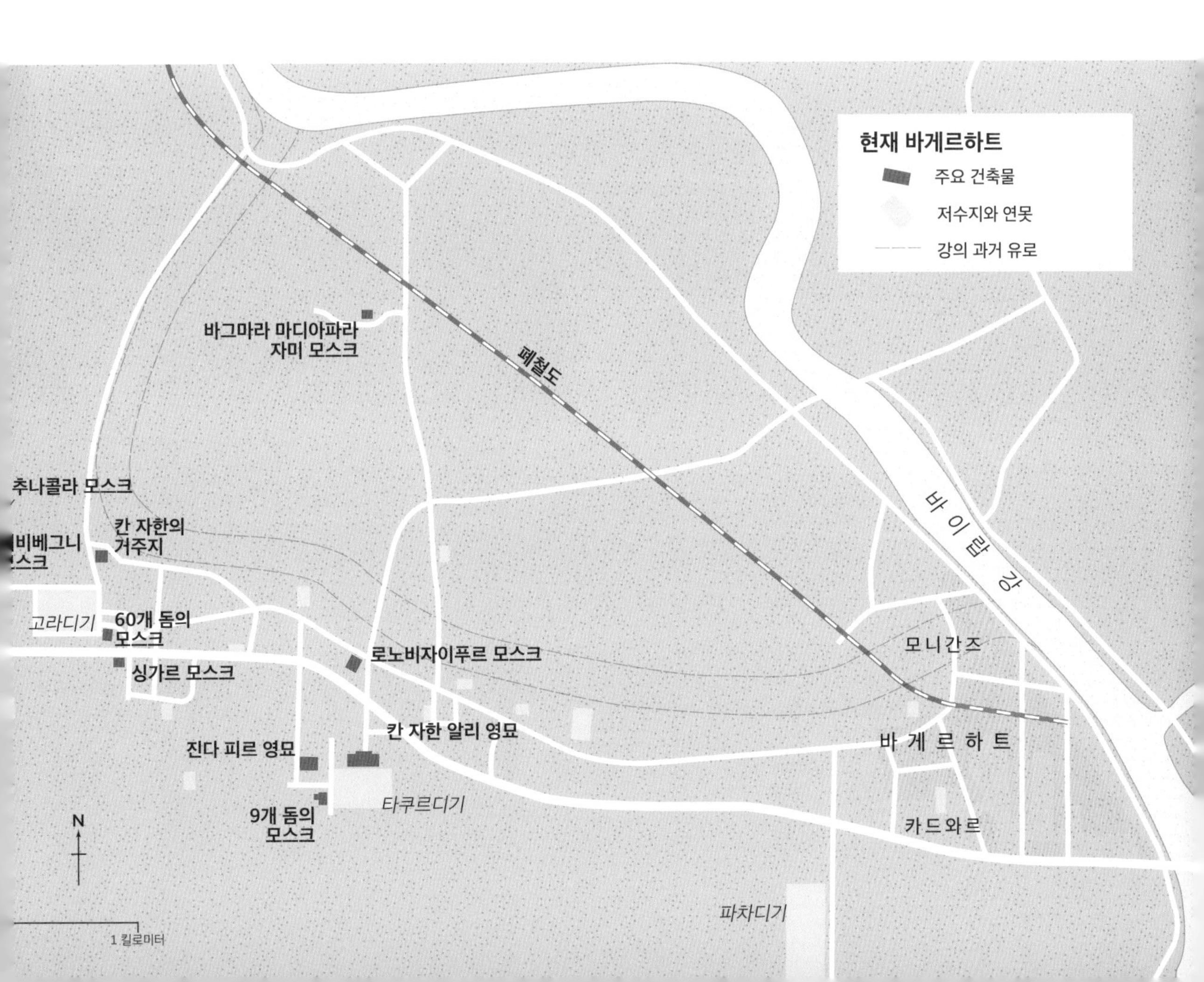

플리트강

영국

북위 51° 30' 51.0" / 서경 0° 06' 17.7"

앵글러스레인Anglers Lane은 런던 켄티시타운Kentish Town의 주요 도로에서 곡선을 이루며 뻗어나간 작은 길이다. 이 길에 조금이라도 내세울 게 있다면, 이곳에 100년이 넘는 세월 동안 유럽에서 가장 큰 틀니 공장이 있었다는 것이다. '틀니 제조사' 클로디어스 애시가 1840년부터 1965년까지 사용한 건물은 한참 전에 아파트로 개조되었다. 그러나 붉은 벽돌과 테라코타로 지은 이 건물은 여전히 앵글러스레인에서 가장 두드러진다. 원래 은 세공인이었던 애시는 치아가 다 빠져버린 부유층에게 귀금속으로 만든 틀니를 공급하다가 '광물로 만든 치아'를 개발해냈다. 그가 발명한 의치는 은으로 만든 틀니보다 더 저렴했다. 더욱이 나무로 만든 틀니나 살아 있는 사람 혹은 죽은 사람에게서 뽑아낸 진짜 치아보다 훨씬 위생적이었다. 하지만 앵글러스레인이라는 이름은 틀니가 아니라 낚시꾼들 덕분에 생겨났다. 빅토리아 시대에 벽돌과 포석, 납 배관이 재미를 망쳐놓기 전까지만 해도 런던 북서부의 이 지역은 앵글러angler, 즉 낚시꾼이 뻔질나게 드나들던 곳이었다. 낚싯대를 멘 사람들은 물고기가 가득한 플리트강 지류로 찾아와서 낚싯줄을 드리우곤 했다. 플리트강은 한때 모기가 우글거리는 늪지였던 햄스테드에서 흘러나왔다. 이후 대체로 전원지대였던 켄티시타운을 통과해 캠든타운과 킹스크로스로 흘러 들어갔고, 크러큰웰을 지나쳐 마침내 블랙프라이어스 다리 아래에서 템스강과 만났다.

영어에는 지금도 'fleet(함대, 선단)'라는 낱말이 있다. 이 말은 무리를 지은 배들이 '물에 떠 있거나 헤엄친다'는 의미의 고대 영

지하로 흐르는 플리트강
0
1,000 미터
하이게이트
햄프스테드히스
하이게이트 공동묘지
하이게이트연못
햄스테드연못
팔러먼트힐
할로웨이
스테드
켄티시타운
벨사이즈파크
런 던
캠든타운
프림로즈힐
리젠트운하
리젠트 공원
킹스크로스역
이즐링턴
세인트팽크라스역
유스턴역
클러큰웰
블룸스버리
피츠로비아
메릴본
패딩턴역
소호
블랙프라이어스 다리
템스 강
하이드 공원
채링크로스역
메이페어
N

위: 브라이드웰 궁전 앞을 흐르는 플리트강. 한때는 지상으로 흐르는 강이었다.

어 'fēotan'에서 유래했다. 그런데 고대 앵글로색슨어에서 'fleet'는 조류에 영향을 받는 작은 만을 콕 짚어 가리키는 데 쓰이기도 했다. 따라서 과거에는 오로지 플리트강의 마지막 부분만 '플리트'라고 불렸다. 강의 상류는 말 그대로 '푹 꺼진 구멍 속의 개울'이라는 뜻인 홀본Hole Bourne(또는 Holborn)이나 웰스강River of Wells, 턴밀브룩Turnmill Brook으로 알려졌다. 이 마지막 이름은 13세기까지 강 상류에 적어도 네 개는 있었던 물레방아mill를 기념한다. 당시 플리트강은 일종의 개방 하수구로 쓰였던 것 같다. 강이 너무도 심각하게 오염되어서 1236년에 헨리 3세는 "빈민이 물을 마실 수 있도록" 납 배관을 이용해 웨스트민스터를 흐르는 타이번강의 물길을 런던 중앙 시가지로 돌리도록 허락했다. 1290년에는 화이트프라이어스 지구가 강에서 끔찍한 악취가 풍긴다고 항의했다. 플리트강이 템스강과 만나는 어귀의 서쪽에 있는 화이

트프라이어스의 수도원에서 강렬한 향을 피워도 고약한 냄새를 가리지는 못한 듯하다. 1343년에는 뉴게이트스트리트에 들어선 푸줏간들이 플리트강의 부두 한 곳에서 고기 내장을 씻어도 좋다고 허락받았다. 이 결정은 수질을 개선하는 데 조금도 도움이 되지 못했다. 게다가 이 시기에는 무두장이들도 대거 플리트강 기슭에 가게를 차리고 조수를 이용해서 동물 가죽을 처리한 것 같다. 이런 행태도 수질에 전혀 이롭지 못했을 것이다.

오물이 둥둥 떠다니긴 했지만, 플리트강은 템스강에서 상류로 사람과 물자를 실어나르는 작은 배들로 자주 붐볐다. 13세기 문서는 중세에 플리트강의 배들이 세인트폴대성당을 짓는 데 쓸 석재를 상류로 운송했다고 전한다. 이런 선박은 옥수수와 건초 같은 물품뿐만 아니라 치료와 구호가 필요하지만 너무 병약해서 걷지 못하는 사람들까지 세인트바르톨로뮤 병원의 부속 수도원으로 날랐다. 1318년 농민 봉기와 1780년 고든 폭동 때 파괴된 음산한 채무자 감옥인 플리트 감옥으로 들어가는 포도주도 플리트강의 배로 운반했다. 이런 방식으로 수송된 다른 물자로는 1418년에 홀본의 대로를 포장했던 석재와 굴이나 청어 같은 식품도 있었다. 한편, 오늘날 패링던에 있는 올드시콜레인Old Seacole Lane은 타인사이드에서 런던으로 석탄sea-cole을 운반하는 데 플리트강이 맡았던 역할을 기념한다.

런던 성벽 바깥에 거주하는 인구가 늘어나면서 플리트강으로 버려지는 쓰레기와 오수도 늘어났다. 강은 1502년과 1606년에 말끔히 정화되었지만, 1652년이 되자 또다시 완전히 막히고 말았다. 당대 어느 논평가는 "푸줏간 주인들과 소스맨[일종의 요리사], 다른 사람들이 내던진 내장과 쓰레기가 무진장 많아서 수면을 잠식한 데다 강물 위에 서 있는 사무 건물도 수두룩해서 배가 지나다닐 수 없다"라고 언급했다. 이때쯤에는 플리트강의 하류를 가로지르는 다리도 다섯 개나 들어서 있었다. 의심할 여지없이 이런 다리는 꽉 막혀 있는 강물로 쓰레기를 집어던지기에 더없이 알맞은 위치였다.

그런데 1666년, 런던대화재가 발생했다. 플리트강 강둑에서 치솟은 불길이 강 양편에 늘어선 건물과 부두를 모조리 태워버렸다. 이후 건축가 크리스토퍼 렌의 설계에 따라 플리트강을 가로지르는 다리가 홀본에 새롭게 건설되었다. 1670년에는 (어느 정도 비용을 들여) 이 다리에서 블랙프라이어스까지 강을 더 깊게 파고 하폭을 넓히는 사업이 시작되었다. 플리트강은 큼직한 부두를 갖춘 폭 15미터짜리 넓은 수로로 변신했다. 그러나 총 길이가 640미터에 이르는 플리트운하 운영은 재정상 실현 불가능한 것으로 드러났다. 한심스러울 만큼 적은 교통량으로는 운영 비용을 충당할 수익을 낼 수 없었다. 얼마 지나지 않아 운하는 이전과 다름없이 쓰레기더미로 변했다. 1733년, 시 당국은 운하 사업에서 손을 떼고 강 위로 아치 구조물을 지었다. 그리고 6년 후, 런던 시장 관저를 짓느라 옛 증권거래소가 헐리고 새 거래소가 플리트강의 아치길 위에 세워졌다. 거래소 건물은 1830년까지 서 있었지만, 새로운 공공도로인 패링던로를 지을 때 허물어져 사라지고 말았다. 플리트강 자체도 패링던로 건설의 희생양이 되었다. 강은 복개천이 되어서 지하의 파이프로 흘러 들어갔고, 마침내 완전한 하수관이 되고 말았다. 어쩌면 비공식적으로는 내내 하수관이었다고 말해도 무방할 것이다.

스청

중국

북위 29° 28' 57.6" / 동경 118° 45' 02.8"

사자는 예로부터 전 세계에서 용맹함과 강인함을 상징했다. 중국에서도 이 맹수를 향한 숭배가 뿌리 깊다. 사자는 왕권과 관련 있으며, 악령을 물리치고 행운을 전하는 존재로 여겨진다. 고도로 양식화한 사자 석상은 중국의 성과 불교 사원 입구에서 흔히 찾아볼 수 있다. 인도에서 신앙의 상징으로 처음 채택된 이런 석상은 보통 근위병처럼 한 쌍으로 서 있다. 하나는 입을 크게 벌리고 혀를 날름거리는 모습이고, 다른 하나는 입을 굳게 다문 채 위협적인 얼굴로 깊은 생각에 잠긴 모습이다. 각 사자상은 중국의 전통적 개념인 음과 양을 상징한다. 음양은 상반되어 보이지만, 실제로는 상호 보완적인 생명의 힘이다. 그리고 사자의 도시 스청은 1959년에 죽었기 때문에 오늘날에도 여전히 살아 있다. 모순처럼 들릴 수도 있겠지만, 이 말에는 일리가 있다.

아래: 첸다오후. 이 인공 저수지에 스청이 잠겨 있다.

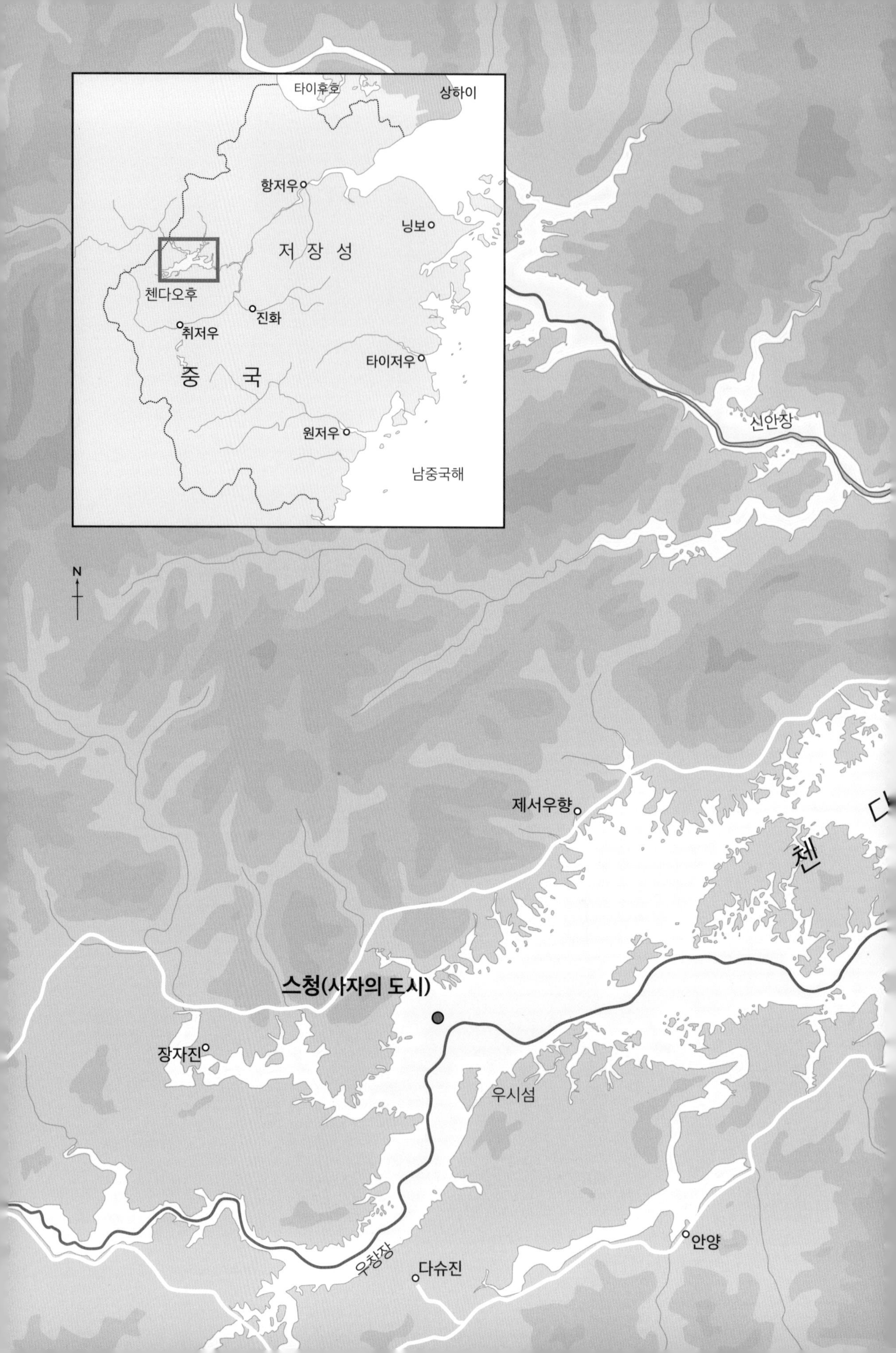

타이후호
상하이
항저우
닝보
저 장 성
첸다오후
진화
취저우
중 국
타이저우
원저우
남중국해
N
신안장
제서우향
첸 다
스청(사자의 도시)
장자진
우시섬
우창장
다슈진
안양

수몰 이전 춘안 도심
춘안
호
신안장
차위안진
리상향
스린진
신안장댐
1959년 수몰 이전 강의 유로
0
8 킬로미터

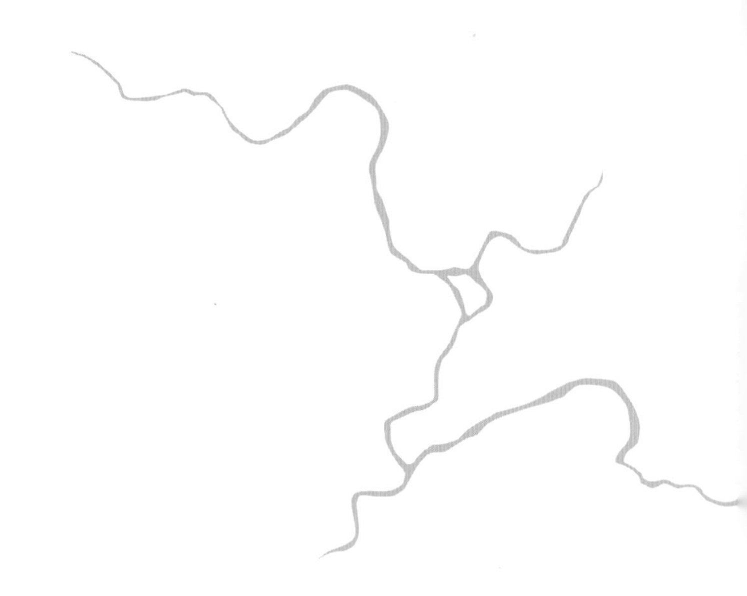

상하이에서 남쪽으로 400여 킬로미터 떨어진 곳, 저장성 춘안현 우시샨五狮山 발치의 스청은 약 1300년 전 당나라 시대에 건설되었다. 스청은 전성기에 면적이 0.5제곱킬로미터에 이르렀다. 도시에서 가장 인상적인 건축물은 16세기경 명나라 시대에 건립된 외성이다. 외성의 웅장한 성문 다섯 개와 아치문 265개는 도시를 수호하는 사자와 용, 봉황 조각으로 화려하게 장식되었다.

스청은 깊은 역사와 아름다움, 대대로 살아온 주민을 품은 도시였다. 하지만 스청을 다른 도시 여섯 곳과 함께—1000개가 넘는 마을과 농지 수백 제곱킬로미터까지—희생하겠다는 결정을 피할 수는 없었다. 상하이와 항저우의 거대 도심에서 날로 늘어가는 전력 수요를 충족한다는 더 큰 선을 위해서였다. 1954년 5월, 중국공산당 중앙위원회 화동국 제3서기 탄전린이 춘안현에 새로운 수력 발전소를 건설한다는 계획을 발표했다. 당국은 29만 명이 넘는 인구를 강제로 이주시키고 신안장댐과 신안장 수력발전소를 지을 예정이었다.

1959년, 댐과 발전소가 완공되었다. 깊이가 30미터 이상인 인공 저수지 첸다오후가 생겨나서 계곡에 있던 것을 전부 집어삼켰다. 스청도 첸다오후 아래로 사라졌다. 도시는 50여 년 동안 거의 완전히 잊혔다. 공산 국가 중국이 세계무역기구(WTO)에 가입한 2001년이 되어서야 잠수부들이 호수를 탐험하다가 너른 포장도로와 사원, 으리으리한 성벽이 거의 완벽하게 보존된 도시를 발견하고 깜짝 놀랐다. 사실, 도시가 너무도 잘 보존되어 있어서 으스스하게 느껴질 정도였다. 정교하게 장식된 석조물은 담수 속에서 고스란히 유지되었다. 심지어 나무 기둥과 계단도 옛 모습을 그대로 간직하고 있었다. 이런 건축물이 모래와 햇빛, 매연에 오래 노출되었더라면 쉽게 훼손되었을 것이다. 오히려 지상에 머물러 있던 것들이 1950년대부터 격동의 세월을 겪었다.

'동양의 아틀란티스'라는 별명이 붙은 이곳은 물속 관광명소가 되었다. 숙련된 다이버라면 여름 몇 달 동안 수중 투어도 즐길 수 있다. 그런데 중국 당국이 관광객 때문에 도시가 위태로워질 수 있다고 판단해서 스청을 공식적인 역사 유적지로 지정했다. 이제는 중국 정부가 유적을 보호하는 것과 대중의 열렬한 관심을 충족시키는 것 사이에서 음양의 적절한 균형을 찾기를 바랄 수밖에 없다.

올드애더미너비

호주

남위 36° 02' 30.5" / 동경 148° 42' 28.3"

올드애더미너비도 한때는 젊었다. 이곳에 도시가 전혀 없었을 때, 호주의 수도 캔버라에서 남쪽으로 150킬로미터 정도 떨어진 유컴빈 계곡의 모나로 평원에 나리고Ngarigo 부족과 베메랑갈Bemerangal 부족의 보호구역이 들어서기 전에는 그랬다. 유럽의 식민 개척자들은 1820년대까지 뉴사우스웨일스의 이 지역에 발을 들여놓지 않았다. 그래서 당시 거의 존재하지도 않았던 애더미너비는 언제나 미래의 더 거창한 계획 속 주인공일 뿐이었다. 하지만 소수의 목축업자와 목장주, 말 사육자가 이곳에 뿌리내리기도 했다. 나무 없이 광활하게 트이고 유컴빈호의 물에서 양분을 얻는 전원 지대에서 소를 칠 수 있다는 가능성 덕분이었다. 이따금 여행객이나 광산 시굴자들이 찾아오기도 했다. 1859년, 애더미너비에서 북동쪽으로 40킬로미터 정도 떨어진 스노이산맥Snowy Mountains의 키안드라Kiandra에서 금이 발견되었다. 그러자 애더미너비 정착촌도 덩달아 발전했다. 수천 명이 키안드라에 떼지어 몰리면서 인근의 애더미너비는 중간 기착지가 되었다. 곧 조지프 처커라는 진취적인 축산업자가 이 자그마한 촌락에 호텔을 열었고, 벼락부자가 될 속셈으로 이곳을 거쳐 가는 이들을 손님으로 받았다. 얼마 후 가게 두 곳과 우체국도 생겨났다. 마을은 처커의 호텔과 너무도 깊게 연관된 탓에 그저 처커스Chalker's라는 이름으로 알려졌다. 그런데 1861년에 정부 기관지의 의뢰로 이 지역을 측량하고 지도를 그린 측량사는 처커스라는 마을 이름을 인정하지 않았다. 측량사는 아내의 결혼 전 성을 따서 마을의 공식 지명을 시모어Seymour로 정했다. 다만 빅토리아에 시모어라는

1940년대의 도로
현재 도로
1980년대 호안선
현재의 호안선
앵글리스리치로
올드애더미너비로
클래시가
밴조가
올드 애더미너비
힐가
레인보우가
루카스가
캐러밴
주차장
타운쉽
포인트
키앤드라가
코스그로브가
데니슨가
처커가
캠프가
벨가
그레이브가
크로스가
알렉산드라가
요크가
고던가
하네트가
쿠마가
블레이리가
레트가
캐스카트가
에드워드가
스프링가
플랫가
이든가
사우스가
유 컴 빈 호
250 미터
N

도시가 한 군데 더 있었기 때문에(확인해본 바로는 똑같은 측량사가 이름을 짓지는 않았다) 혼동을 피하고자 1886년에 마을 이름이 애더미너비로 바뀌었다.

키안드라의 마지막 광산이 1905년에 폐쇄되면서 금광 붐도 짧게 끝났다. 반대로 애더미너비는 탄탄한 소도시로 성장했다. 버터 공장과 인근의 카일로 구리 광산이 새로 생겨나 도시 경제를 부양했다. 20세기 초반 도시는 잡화점 다섯 군데, 법원 청사 하나, 호텔 두어 개, 학교 두 군데, 병원과 영화관, 전시장, 경마장 한 군데씩, 은행과 교회, 시계 수리점과 카페, 찻집을 두루 갖추었다. 지역 신문이 창간되어 도시의 사회적·정치적 생활을 부지런히 기록했다. 청년과 노인 모두 간절하게 기다리는 무도회와 파티가 매주 금요일과 토요일 밤마다 열려서 한 주의 끝을 장식했다. 일부 주민이 훗날 회상했듯이 겨울은 "혹독하고, 춥고, 습하고, 바람이 많이 불었다." 폭설도 꽤 잦았다. 그러나 굳게 단결한 주민 공동체는 이런 날씨에 오히려 더욱 가까워졌다. 인구

아래: 2007년에 애더미너비댐의 수위가 낮아지면서 세인트메리교회의 계단이 드러났다.

는 크게 늘지 않아서 1940년대에 겨우 750명 정도였다. 주요 가스·전기·수도·위생 설비에서 멀리 떨어진 탓에 일부 시설은 대도시보다 뒤떨어졌다. 그래도 애더미너비는 외딴 시골 지역에 빛을 밝히는 등불이었다. 애더미너비 주민은 자신의 고장이 근방에서 중요하다는 사실을 잘 알았다. 하지만 이 자부심은 처커스 호텔이 문을 열고 거의 100년 만에 사라져버렸다.

뉴사우스웨일스는 애더미너비에 큰 해가 가지 않는다면 유컴빈강의 물길을 바꾸고 댐을 지어서 수력발전소를 운영한다는 계획을 오랫동안 논의했다. 마침내 1949년, 호주의 대담한 현대화 계획에 따라서 댐 건설이 결정되었다. 그해 가을, 애더미너비 주민은 유컴빈강 협곡에서 폭약을 터뜨리고 명판을 공개하는 기념식에 단체로 참석했다. 그런데 추가 연구를 거친 뒤, 전력을 더 많이 생산할 수 있지만 안타깝게도 유컴빈강 계곡을 더 많이 침수시키는 새로운 댐 설계안이 채택되었다. 기념 명판도, 애더미너비도 결국 몇 미터 물 아래 잠겨야 했다.

정부는 애더미너비에서 네 세대에 걸쳐 땅을 일구고 소를 키운 공동체를 뿌리째 뽑아내야 하는 문제를 민감하게 받아들였고, 재정착 계획을 제안했다. 댐에서 안전한 거리에 현대적 배관 및 전력 시설을 모두 갖춘 새 애더미너비가 건설될 터였다. 게다가 옛 도시의 건물 100여 채와 교회 두 곳을 벽돌 한 장, 판자 한 장까지 그대로 옮길 수 있을 것이다. 이 작업은 1956년에 시작되었다. 그런데 물길을 바꾼 호수는 1973년까지 최대 용량에 도달하지 못했고 애더미너비 주민 다수가 강제 이주에 격렬하게 반대했다. 그러나 끝내 쓰라린 결말을 피하지는 못했다. 새로운 애더미너비로 옮겨간 사람들은 언제든 이용 가능한 편의 시설 때문에 예상치 못했던 비용이 추가로 들고, 옛 방식대로 말과 소를 키울 수 있는 공간이 부족하고, 일자리가 없다는 데 불만을 품었다. 이들 가운데 절반 이상이 새 애더미너비로 오자마자 떠나버렸다.

세월이 흐르자, 확대된 호수에서 즐기는 수상 스포츠와 눈

덮인 산봉우리에서 즐기는 스키가 관광객을 끌어들였다. 관광업은 질 좋은 목초지와 목장을 잃어버린 애더미너비 주민에게 조금이나마 금전적 보상이 되었다. 그런데 기후 변화로 1980년대부터 호수의 수위가 대폭 낮아졌다. 올드 애더미너비는 버림받아 황량해진 얼굴을 내밀기 시작했다. 2007년, 기록상 100년 만에 최악의 가뭄이 닥치면서 이 저주받은 도시의 유령은 끝내 복수의 칼을 빼 들었다. 저수량이 기존의 10퍼센트로 줄어들자 도시의 자취가 거의 50년 만에 처음으로 완전히 드러났다. 안타깝게도 올드애더미너비가 당해야 하는 모욕이 수몰만으로는 부족했던지, 도둑들이 갓 물 밖으로 나온 오래된 농기구와 심지어 건물 일부까지 훔쳐서 달아났다. 다행히 지역 공동체가 여론을 환기한 덕분에 2008년에 유산보존명령이 통과되었고, 올드애더미너비에서 무엇이든 가져가려는 사람은 무거운 벌금을 물게 되었다. 그러는 동안 호수는 이전 수위의 20퍼센트 정도를 안정적으로 유지하고 있다. 현재 올드애더미너비는 사라졌으나 다시 발견되고, 죽었으나 아직 살아 있는 기묘한 중간지대에 머물러 있다. 이 도시는 과거의 고압적인 계획을 책망하면서 미래에 더 많은 것이 이루어지기를 간절히 바라고 있다.

포트로열

자메이카

북위 17° 56' 12.4" / 서경 76° 50' 29.3"

어느 역사가의 말대로 "오늘날 포트로열은 몹시 평범하고 작은 마을이다." 포트로열이 한때 얼마나 화려한 도시였는지 생각해보면 이 평범함은 더욱더 터무니없게 느껴진다. 그저 '화려했다'라는 표현은 킹스턴만 입구의 모래밭에 걸터앉은 인구 1600명의 이 나른한 어촌이 왜 그토록 유명했는지, 더 정확히는 왜 그토록 악명 높았는지 제대로 설명하지 못한다.

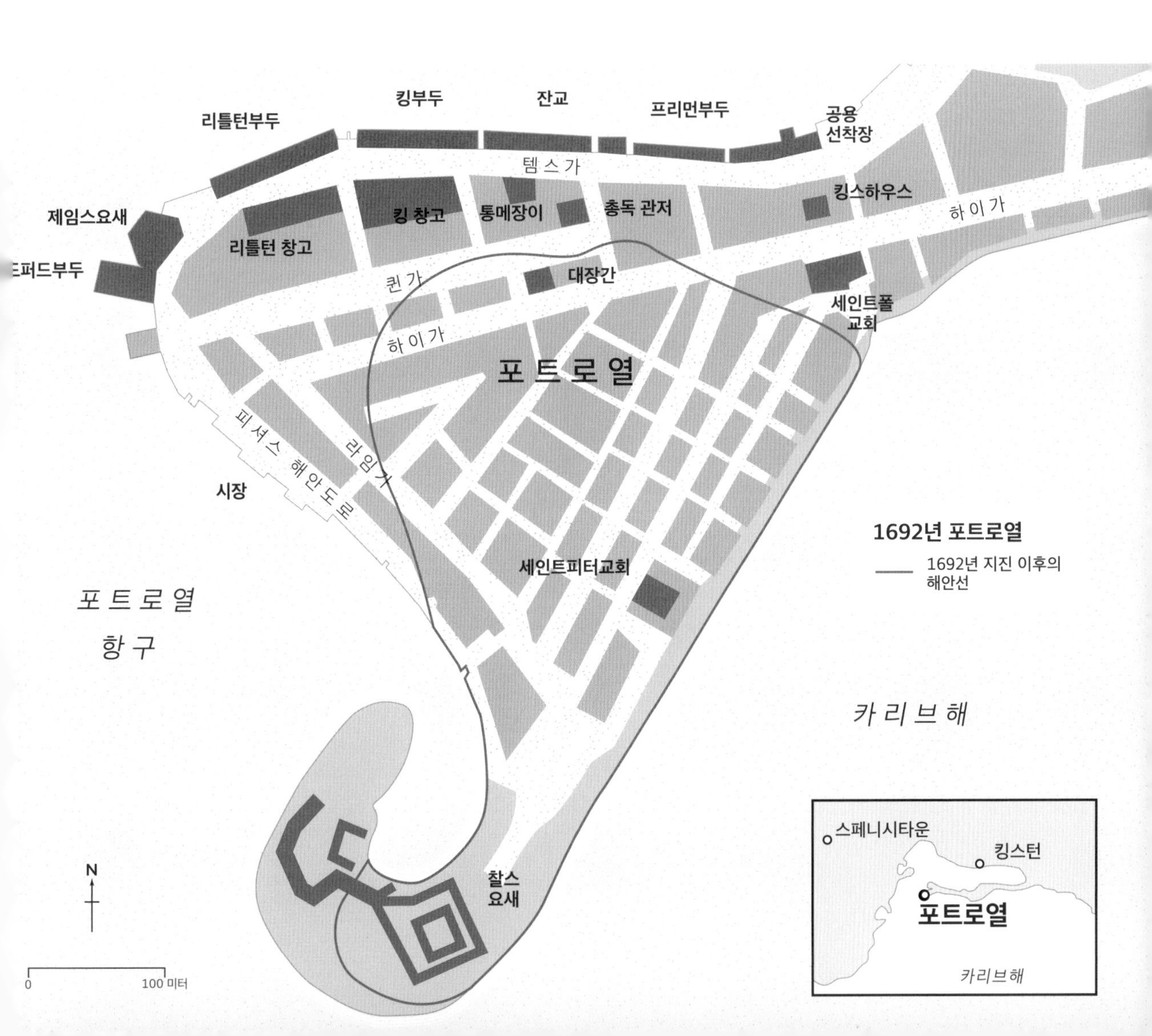

현지 호텔의 이름 '모건스하버Morgan's Harbour'가 작은 실마리를 알려준다. 이 고상한 시설이 맞는 관광객은 극히 적다. 신나는 청새치 낚시를 즐기려는 사람들, 또는 헨리 모건 선장이 이곳을 집이라고 불렀던 시절의 몇 안 되는 유물을 찾아보려는 사람들만이 용감하게 포트로열로 발을 들인다. 모건은 웨일스의 농부였으나 카리브해의 무자비한 사략선 선장으로 변신해서 스페인의 아메리카 식민지를 습격하고 파나마를 약탈했다. 결국 그는 기사 작위를 받고 자메이카의 부총독 자리에 올랐다.

17세기 후반, 당시 사람들은 포트로열을 저마다 다른 이름으로 불렀다. 대체로 호감 가고 매력적인 이름은 아니었다. '우주의 똥 더미'부터 '지구상 가장 사악한 도시'까지, 성실하게 일과를 마치고 돌아와서 겉옷을 벗어놓을 것 같은 아늑한 이름은 전혀 없었다. 사실, 포트로열은 누군가가 집이라고 부를 만한 곳이 아니었다. 해적의 낙원이자 영국이 운영하는 카리브해 범죄 소굴이었으니 별로 놀랍지는 않다. 성병이 들끓는 이곳에서는 일사병에 걸린 바다의 무법자들이 스페인 범선에서 약탈한 전리품을 합법적으로 처리한 후 항구 지역의 4분의 1을 차지했다는 술집과 사창가를 누빌 수 있었다.

이 항구 도시가 난잡하고 '신을 저버린' 소돔과 고모라가 된 것은 올리버 크롬웰의 '서부 정벌Western Design' 작전의 직접적 (의도치 않았을지라도) 결과였다. 호국경 크롬웰은 가톨릭을 믿는 아일랜드를 정복한 후 아메리카에도 영국 의회파의 개신교를 심겠다는 대담한 계획을 꿈꿨다. 이 계획을 실현하려면 가톨릭 국가 스페인이 지배하는 서인도제도를 손에 넣어야 했다. 1654년, 크롬웰은 해군 총사령관 윌리엄 펜 제독과 육군 총사령관 로버트 베너블스 장군 휘하의 대함대를 히스파니올라섬으로 파견했다. 영국군은 우세한 스페인 군대에 굴욕스럽게 격퇴당했고, 1655년 5월 10일에 자메이카 킹스턴만으로 후퇴했다. 빈손으로 돌아가기가 두려웠던 펜과 베너블스는 스페인의 점령 태세와 방어가 훨씬 허술했던 자메이카에 앙갚음했다. 전투에 지치고 이질에 시달린 영국군은 간신히 스페인 민병대를 물리치고 자메이카를 정복했다. 처음에는 이곳을 히스파니올라섬을 얻지 못한 것에 대한 보상으로만 여겼다. 그러나 점차 섬에서 위치를 공고히 다지기 시작했다. 자연 항구를 형성한 해변 돌출부 서쪽 끝에 석조 방어 요새도 세우고 크롬웰의 이름을 붙였다.

스페인인이 배를 수리하는 기지로 삼았고 영국인 사이에서 캐그웨이곶Point

Cagway으로 알려진 이 바닷가는 원래 수백 년 동안 타이노Tainos 원주민의 고기잡이 항구였다. 자메이카에 가장 먼저 거주했던 타이노인은 1494년에 콜럼버스와 함께 도착한 스페인인에게서 두 가지 고통을 겪었다. 수백 명이 머스킷 총과 검을 앞세운 정복자에게 학살당했고 노예 노동을 강요받았다. 유럽에서는 흔했지만 아메리카에는 자연 면역이 없었던 질병으로 목숨을 잃은 원주민은 훨씬 더 많았다. 타이노인의 숫자는 극심하게 줄어들었다. 결국 착취할 토착 인구가 부족해진 탓에 처음에는 스페인이, 그다음에는 영국이 아프리카에서 노예를 대거 끌고 왔다.

영국 식민지 초기에는 단순히 섬의 통제권을 유지하는 것이

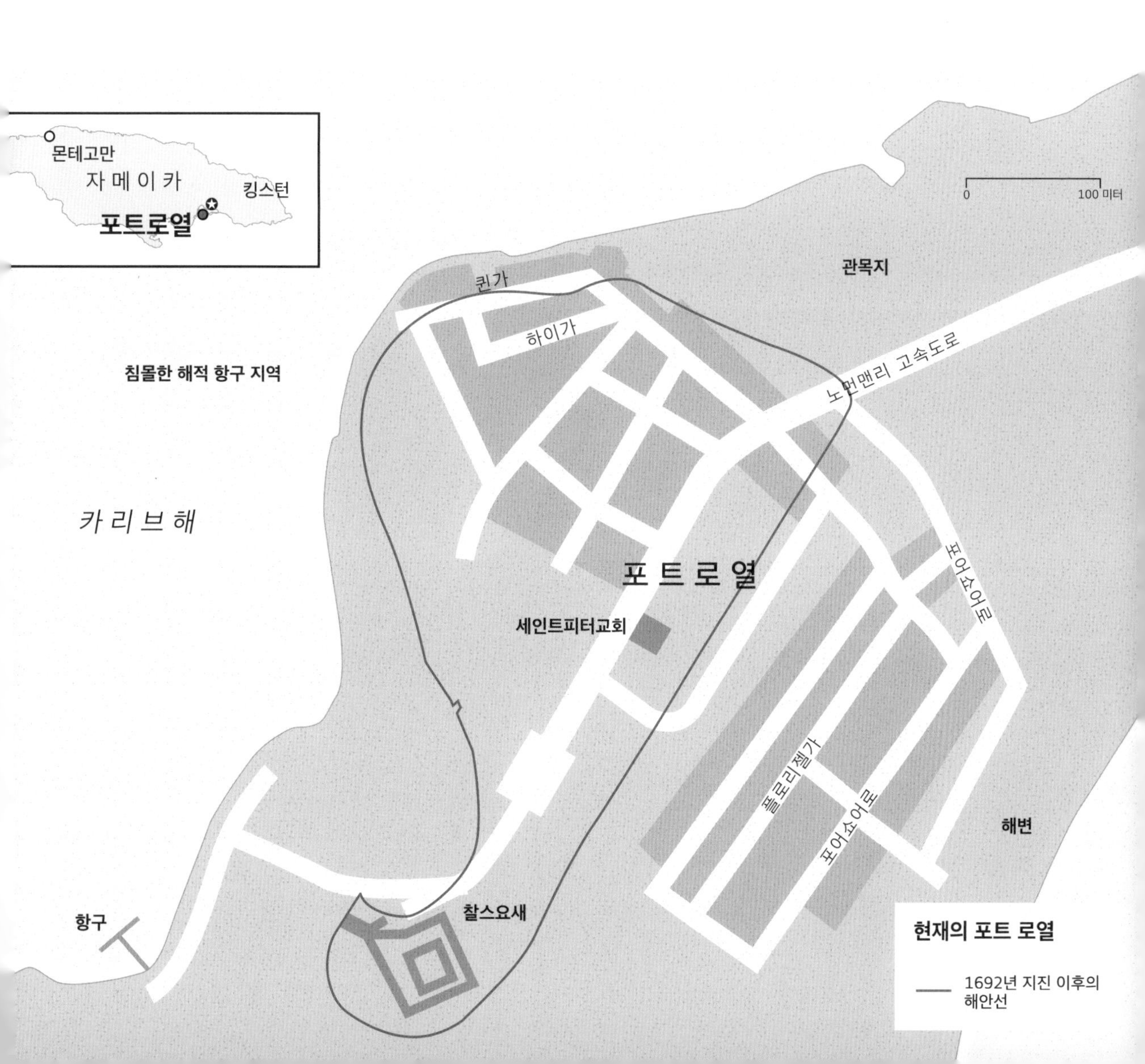

위: 1756년경 자메이카 포트로열과 킹스턴의 항구를 나타낸 지도.

가장 긴급한 사안이었다. 그러나 자메이카를 침공했던 기존 함대 대부분이 영국으로 돌아가고 섬에 남은 배는 전투에 나설 상태가 아니었다. 1675년, 총독 에드워드 도일리는 스페인의 재점령을 막고자 다소 유별난 결정을 내렸다. 도일리는 영국과 프랑스의 해적이 인근 히스파니올라섬 북부와 토르투가섬의 거친 땅을 거점으로 삼았다는 사실을 잘 알았다. 해적 무리가 오늘날 쿠바와 아이티 사이 윈드워드해협을 통과하는 스페인 선박을 자주 습격한다는 사실도 알았다. 그는 해적단을 자메이카 캐그웨이곶으로 불러들였다.

카리브해의 중심에 자리 잡은 자메이카는 스페니시메인 Spanish Main(카리브해 연안의 남미 북부 해안 지방—옮긴이)에서 보물(금과 향신료, 담배, 목재)을 잔뜩 싣고 스페인 카디스로 가는 배를 노리는 세력에게 더없이 훌륭한 위치였다. 해적은 상황에 따라서 영국에 해군력을 어느 정도 제공하겠다고 암묵적으로 약속하는 대신, 적(스페인)의 선박과 영토에서 노략질해온 전리품을 자메이카에서 합법적으로 처리할 기회를 얻었다. 이 미심쩍은 포획물 심판 제도는 편리하게도 자메이카 식민지의 금고까지 두둑하게 채웠다. 더욱이 해적은 특정한 외국 선박이나 영토를 습격한다는 구체적 임무를 맡은 '사략선'으로서 나포 면허장이나 위임장을 받을 수도 있었다. 어디 그뿐인가. 자유롭게 이용 가능한 훌륭한 항구에서 배를 대충 수리하고, 해골과 십자로 엇갈린 뼈가 그려진 해적 깃발을 꿰매고, 장래의 항해를 계획하며 신선한 식료품을 실을 수도 있었다. 항구 마을 자체에도 갖가지 오락거리가 늘어날 터였다. 해적은 사람을 취하게 만들고 병을 옮기는 유흥거리에 부정한 방법으로 벌어들인 돈을 쓸 수 있을 것이다.

물론, 어느 연대기 작가가 설명했듯 해적이 "노략질할 기회를 얻었을 때 적국과 영국의 선박을 구별하지 않으려고" 했던 적도 적지 않았다. 스페인이 총공세를 펼치고 상황이 급박해진 순간, 기회를 포착한 약탈자들이 럼주를 한 병 돌려서 비우고, 영차 외치며 중심 돛의 밧줄을 잇고, 석양을 향해 배를 몰아나가지 않으리라고 보장할 수 없었다. 하지만 해적의 존재가 자메이카에 남은 소수의 스페인인과 그 동조자들의 게릴라 활동을 억누른 것은 분명해 보인다. 더 중요하게도, 해적은 적국의 전면적 침략을 저지했으며 좋든 나쁘든 식민지의 장기적 미래를 보장했다.

따라서 자메이카 식민지가 완연히 형성되던 이 시기에 주요 사업 품목은 어느 지주가 1669년에 투덜거렸듯이 "주로 사략선이 들여온 접시와 돈, 보석 따위"였다. 지주 같은 자산가들은 자메이카의 미래가 농업을 바탕으로 더욱 굳건해지기를 기대했다. 비루한 해상 도둑질로 손쉽게 약탈물을 얻었지만, 이익이 한결같지 않았다. 반면에 노예 노동으로 재배한 사탕수수에서 거두는 수익은 안정적인 데다 해적질의 수익을 빠르게 초과했다. 부와 권력을 누리는 계층은 갈수록 농업에 관심을 보였다. 마침 영국에서 찰스 2세가 왕위에 오르며 왕정이 회복되었다. 크롬웰 요새는 급히 찰스요새로 개명되었고, 캐그웨이곶은 포트로열(국왕의 항구)이 되었다. 지정학에도 변화가 찾아왔다. 영국은 스페인과 협정을 맺고 잠시 법적으로 사략선을 금지했다. 하지만 이 위태로운 평화가 이어지는 동안에도 카리브해의 사략선은 양국 간 외교적 세부 사항을 별로 신경 쓰지 않은 듯하다.

카리브해의 중심지로서 요란스럽게 법석을 떨어대던 포트로열의 영광스러운 권세를 끝장낸 것은 지진이었다. 신앙심이 깊은 이들은 이 지진을 신의 계시로 받아들였다.

1692년 6월 7일 수요일, 자메이카 전역이 격렬한 지진에 뒤흔들렸다. 포트로열은 훨씬 더 커다란 타격을 받았다. 사방에서 땅이 쩍쩍 갈라지고, 해일이 삽시간에 도시를 휩쓸며 온 거리의 건물을 허물어버렸다. 도시 동쪽에 있는 교회도 와르르 무너지더니 마치 커피에 녹는 설탕처럼 순식간에 바닷물 속으로 미끄러져 들어갔다.

어느 증인이 이 참사에 관해 남긴 기록을 읽어보자. "거리의 모래가 바다의 너울처럼 일어나서 그 위에 서 있던 사람들을 전부 들어 올리더니 곧장 구덩이 속으로 내팽개쳤다. 바로 그 순간, 바닷물이 돌진해서 사람들을 모조리 쓰러뜨렸다. 어떤 사람들은 집의 기둥이나 서까래를 붙잡은 모습으로 발견되었다. 다른 사람들은 모래에 처박힌 채 팔다리를 밖으로 뻗은 모습으로 발견되었다."

자메이카에서 포트로열을 제외한 나머지 지역에서 지진으로 목숨을 잃은 사람은 고작 50명이었다. 그런데 인구가 6000명 남짓했던 포트로열에서 지진이 일어나는 동안 사망한 사람만 해도 2000여 명이나 되었다. 생존자는 바닷물에 젖은 채 피난처도, 깨끗한 물도 없이 방치되었다. 그 탓에 악성 열병과 다른 질병으로 2000명이 더 죽었다. 지진은 도시의 공동묘지까지 열어젖혔고 시신을 지표면 밖으로 끄집어냈다. 갓 죽은 이의 시신과 부패한 지 오래된 시신이 도시를 뒤덮은 바닷물에 실려 요동쳤다. 살아남은 사람들이 버텨야 하는 환경은 더욱 비위생적으로 변했다.

포트로열은 겨우 0.1제곱킬로미터만 살아남았다. 이후 재건되었으나 신흥 항구 도시로 부상한 킹스턴Kingston에 무역과 정치의 중심지라는 지위를 빼앗겼다. 1703년 1월, 재앙이 다시 한번 포트로열에 들이닥쳤다. 화재가 도시 전역을 휩쓸었고, 성을 제외한 사실상 모든 것을 무너뜨렸다. 1712년 8월 28일에는 허리케인이 찾아와서 항구에 정박한 배 대다수를 파괴했다. 정확히 10년 후인 1722년 8월 28일, "무시무시한 폭풍"이 도시에 치명타를 날렸다. 태풍은 "성을 쪼개버리고” “교회와 도시의 3분의 2를 폭삭 무너뜨리고” 400명을 죽였다.

이후 포트로열은 영국의 해군 기지로 바뀌어서 20세기까지 사용되었다. 호레이쇼 넬슨이 젊은 시절에 이곳에서 복무한 적도 있었다. 현재 포트로열의 만 너머, 해수면에서 그리 깊지 않은 바닷속에는 해적들이 단 하룻밤에 스페인 은화 3000냥을 써 버리고 인사불성으로 취했던 거리와 건물이 아직 잠겨 있다. 그 너머 바다 밑바닥의 어두컴컴한 진흙 속에는 난파선도 잔뜩 묻혀 있다. 세계에서 규모가 가장 큰 단일 난파선 더미로 추정된다. 300년 전에 귀중한 보물을 포기하지 않아서 끝내 침몰한 배들이 천천히 발굴되고 있다. 최근 몇 년 동안 발굴된 수많은 유물은 포트로열이 한때 얼마나 대단한 곳이었는지 확실하게 알려준다.

아래: 1907년 지진이 닥친 이후의 킹스턴 포트로열가. 자메이카가 여전히 지진에 취약하다는 사실을 잘 보여준다.

에산베하나키타코지마

일본

북위 45° 19' 53.8" / 동경 142° 10' 55.0"

2016년, 영국의 한 이름표 제조사는 흔히 잃어버리곤 하는 물건에 관해 설문조사를 시행했다. 학생들이 소란스럽게 밀쳐대는 학교 탈의실에서 교복을 잃어버리지 않도록, 혹은 번잡한 국제선 항공편에서 수화물을 잃어버리지 않도록 붙이는 이름표를 판매하는 기업이라면 당연히 할 법한 일이었다. 1위를 차지한 물건은 열쇠였다. 우습게도 열쇠는 도둑이 집이나 차를 털지 못하게 막고 다른 물건들이 사라지지 않게 예방하는 장치다. 열쇠의 뒤를 이어 휴대전화와 립스틱, 안경, 리모컨, 장갑 따위가 '가장 자주 잃어버리는 물건 20위' 안에 자랑스럽게 이름을 올렸다. 응답자 가운데 약 3분의 2가 물건을 '자주' 잃어버린다고 인정했다. 대다수는 한 달에 물건 네 개 정도를 제자리에 두지 않아서 결국 못 찾는다고 털어놓았다. 잃어버린 물건 중 커다란 것으로는 자동차가 있었다. 다만 잃어버린 차는 대개 '일시적으로' 사라졌을 뿐이다. 보통은 차 주인이 정확한 주차 위치를 깜빡했거나, 비슷하게 생긴 차로 가득 찬 주차장에서 자기 차를 알아보지 못하기 때문에 이런 일이 생긴다. (차 색깔과 스타일이 단 하나뿐이었던 검은색 T형 포드 자동차의 황금기를 어떻게 버텼는지는 정말로 역사의 미스터리다.)

이 설문조사에서 흥미로운 사실을 하나 더 발견할 수 있다. 응답자 다수는 잃어버린 물건이 다시 필요한 상황이 오기 전까지는 그 물건을 잃어버린 일 자체를 알아차리지 못했다. 예를 들어서, 우리는 가장 좋아하는 스카프를 옷장에 잘 넣어뒀다고 생각한 채 더운 여름을 보낸다. 낮이 짧아지고 단풍이 드는 계절이 돌아오면 그제야 스카프를 찾아보지만, 이상하게도 어디에서도 보이지 않는다. 일본에서도 비슷한 일이 일어났다. 사라진 것은 에산베하나키타코지마라는 작은 섬이다.

홋카이도 최북단, 사루후쓰猿払 마을 바닷가에서 500미터쯤 떨어진 곳에는 자그마한 섬이 있었다. 사람들이 기억하는 한 언제나 그랬다. 특별히 내세울 것 없는 섬이었다. 사람이 살 수 없는 환경이어서 정말로 아무도 살지 않았다. 얼어

어항

산호초
에산베하나키타코지마
(사라진 섬)

오 호 츠 크 해
에산베하나키타코지마
(위의 작은 지도)
공업단지
N
0
500 미터

쿠릴열도
(분쟁 지역)
러 시 아
중 국
에산베하나키타코지마
삿포로
홋카이도
블라디보스토크
북한
동 해
대한민국
도쿄
태 평 양

붙을 만큼 춥고, 바람과 눈이 채찍처럼 몰아치는 바윗덩어리일 뿐이라 아무런 매력도 없었다. 하지만 이 섬은 일본 영해를 결정하는 섬이었기에 중요하게 여겨졌다. 2014년에는 비슷한 외딴섬 157개와 함께 공식 명칭도 얻었다. 이는 태평양으로 세력을 뻗치는 중국의 팽창주의 정책과 러시아와 오랫동안 벌여온 영토 분쟁에 대응해서 일본의 영토를 분명하게 나타내려는 조치였다. 제2차 세계대전이 끝나고 소비에트 군대가 소련 해안에서 가장 가까운 일본 영토 일부를 요구하며 진군했다. 그 이후 지금까지 러시아는 쿠릴열도를 점령하고 있다. 하지만 일본은 에산베하나키타코지마에서 그리 멀지 않은 쿠릴열도가 마땅히 자국 영토라고 생각한다.

사루후쓰 어부들은 에산베하나키타코지마를 멀찍이 피해 다녔다는 사실을 잘 기억할 것이다. 그런데 일본은 섬이 아무도 모르는 사이에 없어진 것을 발견하고 2018년 가을에야 조사에 나섰다. 섬은 마치 동전이 소파 뒤로 스르르 미끄러져 들어간 것처럼 감쪽같이 사라져버렸다. 시미즈 히로시라는 사람이 이 섬을 찾아보지 않았더라면, 섬이 없어졌다는 사실은 훨씬 더 오랫동안 알아채지 못했을 것이다(섬이 사라진 정확한 날짜는 여전히 불분명하다). 시미즈 히로시는 일본의 숨은 섬들에 관한 도감을 펴낸 기자다. 그는 같은 주제로 두 번째 책을 쓰고자 조사하던 중 사루후쓰 연안에 작은 섬이 있다는 사실을 알고 2018년 9월에 홋카이도를 방문했다. 일본의 최북단에 도착한 그는 에산베하나키타코지마의 위치를 알려주는 지도를 챙겨 들고 바닷가로 향했다. 그런데 차가운 오호츠크해를 아무리 열심히 살펴보아도 섬은 흔적조차 보이지 않았다. 그는 현지 뱃사람들의 도움을 얻어 바다에 나가보기까지 했다. 어부들의 손때가 묻은 지역 해도를 참고하며 섬을 찾아보았지만, 두려워하던 일이 정말로 벌어졌다는 사실만 확인할 수 있을 뿐이었다. 에산베하나키타코지마는 사라지고 없었다.

시미즈는 일본 해안경비대에 연락했다. 해안경비대는 에산베하나키타코지마가 1987년에 마지막으로 공식 측량되었다고 알려줬다. 당시 기록상 섬은 정상 해수면에서 겨우 1.4미터 위로 튀어나와 있었다. 이듬해에 일본 지리정보국이 이 정보를 바탕으로 지도를 그렸다.

이후 30년 동안 에산베하나키타코지마는 섬을 없애버릴 수 있는 갖가지 자연의 힘에 노출되었을 것이다. 태풍 때 몰아치는 파도와 강한 바람, 바다 위를 떠다니는 유빙에 오랜 세월 시달리며 침식되었을 수도 있고, 점점 솟아오르는 해수

위: 에산베하나키타코지마는 격렬한 오호츠크해 아래로 사라졌을지도 모른다.

면에 표면 부분이 잠겼을 수도 있다. 일본은 홋카이도와 혼슈, 시코쿠, 규슈라는 네 개의 주요 섬으로 이루어져 있으며, 국가 정체성이 바다와 섬에 밀접하게 관련된 나라다. 에산베하나키타코지마가 아무리 작은 섬일지라도(기나긴 지명에 비해서 너무 작더라도), 섬을 잃어버린 것은 결코 작은 일이 아니다. 일본은 이 일로 영토 500여 미터를 잃을 수도 있다. 아마 지도 한두 장도 다시 그려야 할 것이다.

로스트시

미국

북위 35° 32' 08.0" / 서경 84° 25' 51.9"

사라졌다가 발견되는 일에 관해서라면 크레이그헤드동굴은 놀라울 만큼 긴 역사를 간직하고 있다. 동굴은 테네시주 동부, 애팔래치아산맥을 구성하는 그레이트스모키산맥Great Smoky Mountains 기슭의 구릉에 깊숙이 자리 잡고 있다. 이곳에서 일어난 실종 사건 중 처음이라고 알려진 일은 적어도 2만 년 전으로 거슬러 올라간다. 그때는 플라이스토세의 마지막 빙하기였다. 그린란드와 캐나다, 북아메리카 일부가 이동하는 빙하 아래에 잠겨 있었다. 6600만 년 전 백악기 말에 멸종한 것으로 추정되는 공룡은 이미 오래전에 사라지고 없었다. 하지만 거대동물—털매머드와 검치호, 몸집이 커다란 사슴 메갈로케로스, 자동차만 한 아르마딜로인 글립토돈트 같은 거대 포유류—은 여전히 지구를 어슬렁거리고 있었다. 그러나 슬프게도 이들에게 덤으로 주어진 시간도 끝나고 말았다.

홍적세북미재규어Panthera onca augusta도 플라이스토세의 종말에서 살아남지 못했다. 거대재규어라고도 불리는 이 북아메리카 고유종은 현대 재규어의 조상으로, 몸집이 더 컸고 현재의 테네시주에서 가장 분명하게 활보했다. 이 종이 지구에서 완전히 사라지기 전인 약 1만 년 전, 거대재규어 한 마리가 어쩌다 크레이그헤드동굴로 들어갔다. 포식자를 피하던 중이었을 수도 있고, 그저 보금자리를 찾고 있었을 수도 있다. 재규어는 동굴 속으로 점점 더 깊이 들어갔다가 길을 잃고 바위틈 사이로 떨어진 것 같다. 이 불운한 동물이 남긴 발자국과 거의 완전히 보존된 골격이 1939년에 발견되었다. 표본은 뉴욕의 미국자연사박물관에 영구 전시되어 있으며, 발자국 석고 모형은 크레이그헤드동굴 관광안내소에서 찾아볼 수 있다.

이 커다란 짐승의 유해가 발견되기도 전에 크레이그헤드동굴은 이미 악명을 떨치고 있었다. 1820년대에 백인들은 테네시의 체로키Cherokee 원주민 거주지를 침략하고, 원주민 구역의 중심에 있던 동굴을 식료품 저장고로 사용했다. 남북전

보스턴
뉴욕
시카고
워싱턴
세인트루이스
미 국
크레이그헤드동굴
뉴올리언스
마이애미
수직 구덩이
균상
빅룸
옛 출입구
포더스택
팻맨스
미저리
계단
댄스 플로어
피들러스룸
계단
재규어
샌드룸
행잉록 굴
침출용 탱크
킬룸
베일오브티어스
앤소다이트(동굴꽃)
카운실룸
뽀이비그랜드캐니언
출입구
관광안내소
데블스홀
열로터널
베어스파우
계단
소형 폭포
에메랄드폭포
앤소다이트룸
스프링룸
앰퍼시어터룸
밀주 증류기
벤샌즈터널
부두
뉴룸
로스트시로
현재의 크레이그헤드동굴
관광 경로
로스트시
N
0
50 미터

쟁 때는 남부연합군이 동굴에서 화약의 주원료인 초석을 캐냈다. 아울러 밀주업자도 눈에 띄지 않고 서늘한 동굴에 눈독을 들였다. 그들은 옥수수와 보리, 애팔래치아 특산품 호밀로 위스키를 만드는 불법 증류기를 동굴의 어두운 구석에 감춰 두었다. 동굴이 관광지로 처음 개발되었을 때는 무도장과 투계장도 만들어졌다.

그러나 크레이그헤드동굴에 더 커다란 명성을 안겨준 것은 한동안 세상에서 사라졌던 선사 시대의 유산이었다. 바로 로스트시, 사라진 바다다. 대략 6500만 년 전까지 현재의 테네시주 전체가 바다에 잠겨 있었다. 그런데 지구 구조에 변화가 생기며 바다 밑바닥이 융기했고, 석회석층—해양 생물체의 골격 잔해로 이루어진 퇴적암—도 수면 위로 올라왔다. 긴 세월 동안 무른 석회암 사이로 지하수가 스며들어서 크레이그헤드동굴이 생겨났다. 지하 43미터쯤 되는 가장 낮은 동굴 밑바닥에는 2만여 년 전에 형성된 수정처럼 맑은 물이 가득 차 있다. 이 사라진 바다 혹은 호수는 1905년에야 사람에게 발견되었다. 그 주인공은 다름 아닌 열세 살짜리 소년 벤 샌즈였다. 샌즈는 이전에 아버지와 함께 크레이그헤드동굴을 탐험해본 적이 있었다. 로스트시를 발견하던 날, 소년은 90미터 정도 이어지는 굴

을 혼자 기어가서 커다란 물웅덩이가 있는 공간에 이르렀다. 그는 돌멩이와 진흙 덩이를 멀리 물속으로 던져보았다. 그런데 돌이 수면에 부딪히며 물이 첨벙 튀는 소리만 들렸을 뿐, 물체가 바닥에 닿는 소리가 나지 않았다. 벤 샌즈가 우연히 찾아낸 웅덩이는 미국에서 가장 큰 지하 호수였다. 호수의 전체 범위는 아직도 지도로 그려지지 않았고, 스쿠버다이버들도 호수 바닥까지 가보지 못했다. 현재 로스트시는 5만 2600제곱미터 정도가 지도로 만들어졌다. 그러나 앞으로 탐사해야 할 곳이 얼마나 더 남아 있는지는 추측할 수밖에 없다. 어쨌거나 동굴이 새로운 입구와 현대적 시설, 넉넉한 표지판을 갖추고 1965년에 완연한 관광명소로 개방되었으니, 관광객이 찾아가기에는 수월할 것이다.

아래: 크레이그헤드동굴 내부의 사라진 바다.

보디

미국

북위 38° 12' 41.7" / 서경 119° 00' 45.3"

옛날 옛적 거친 서부의 유령 도시들 가운데 보디보다 으스스한 곳은 없다. 개척 시대 서부에서 이 광산 도시보다 더 거친 곳도 거의 없었다. '보디의 무뢰한Bad Man from Bodie'은 무법을 의미하는 대명사였고, 서부에서 정체를 알 수 없는 악랄한 총잡이나 역마차 강도를 가리키는 데 마구잡이로 사용되었다.

시에라네바다산맥 동쪽 기슭에 있는 이 도시의 이름은 W.S. 보디라는 인물에게서 따왔다. 보디가 "모호크족과 네덜란드 혼혈"이라는 말도 있고, "스코틀랜드인"이라는 설도 있다. 어쨌거나 어느 자료를 찾아보든 그는 키가 1.7미터 정도로 작은 사내였던 듯하다. 보디는 1848년 콜로마Coloma 근처 서터즈밀Sutter's Mill에서 금이 발견되었다는 소식을 듣고 캘리포니아로 몰려든 별 볼 일 없는 광산 시굴자의 전형이었다. 1859년 즈음 보디와 동료들은 시에라네바다산맥 동쪽의 테일러걸치Taylor Gulch 협곡에서 사금을 채취하다가 횡재를 만났다. 안타깝게도 보디는 이 특별한 전리품을 제대로 맛보지도 못하고 1860년에 눈보라 속에서 숨지고 말았다. 사망한 동료 시굴자—힘겨운 방식으로 손쉬운 돈을 벌고자 했던 사내—를 향한 존경심에서 광산 캠프는 '보디스 플레이스Bodey's Place'로 불리기 시작했다. 광산촌이 점점 커지면서 이 이름도 그대로 굳어졌다. 지명의 철자가 'Bodey'에서 'Bodie'로 바뀐 것은 성급한 간판장이가 실수를 저질렀기 때문이라고 한다.

초기에 발견된 금덩이가 그리 크지 않았기 때문에 보디는 작은 야영지에 지나지 않았다. 1860년대 중반까지 마을 인구는

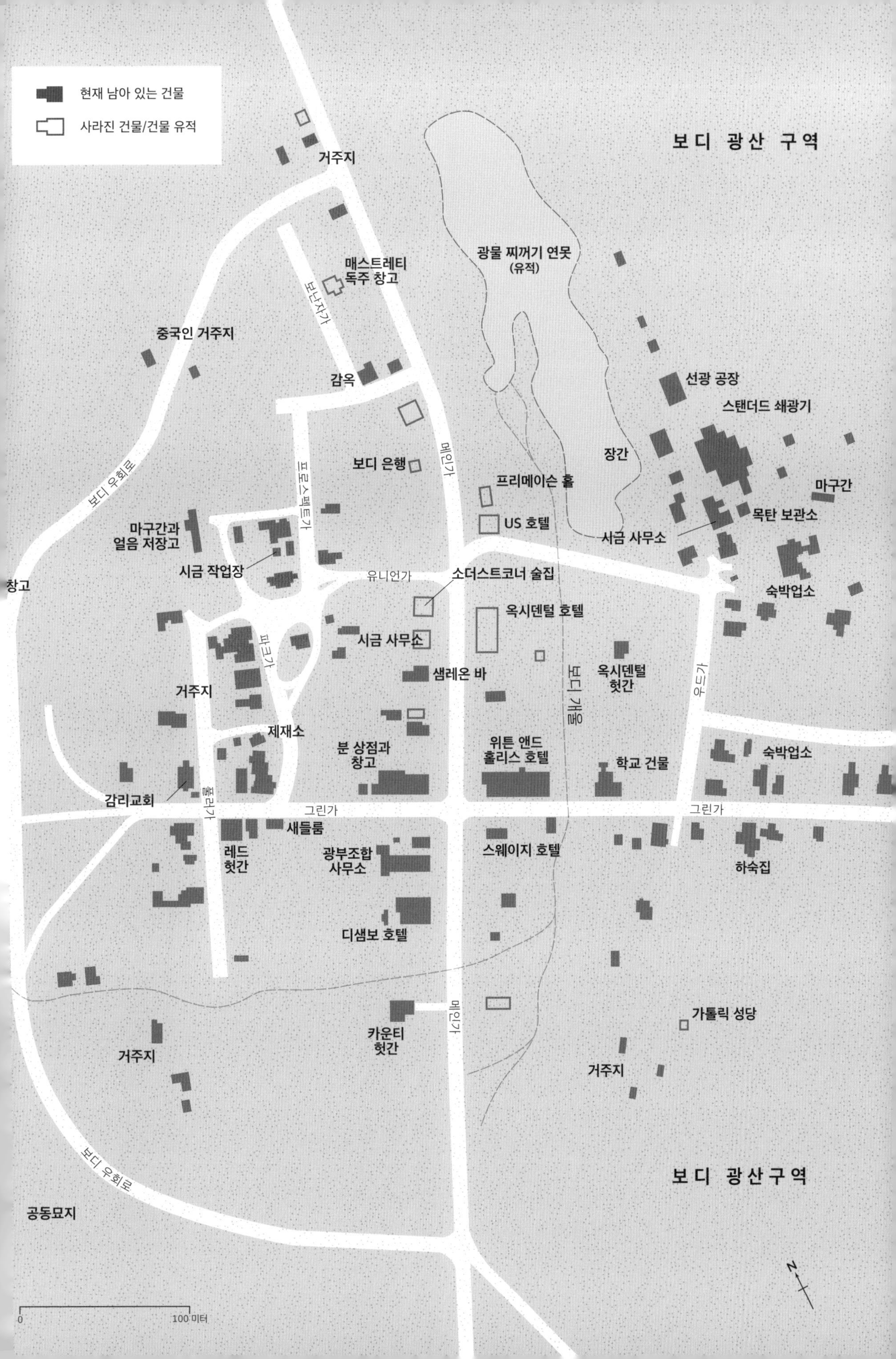
현재 남아 있는 건물
사라진 건물/건물 유적
보디 광산 구역
거주지
광물 찌꺼기 연못
(유적)
매스트레티
독주 창고
보난자가
중국인 거주지
선광 공장
스탠더드 쇄광기
감옥
메인가
장간
보디 은행
프로스펙트가
프리메이슨 홀
마구간
보디 우회로
마구간과
얼음 저장고
US 호텔
목탄 보관소
시금 사무소
시금 작업장
창고
유니언가
소더스트코너 술집
숙박업소
옥시덴털 호텔
파크가
시금 사무소
킹가
샘레온 바
옥시덴털
헛간
보디 개울
거주지
제재소
분 상점과
창고
위튼 앤드
홀리스 호텔
학교 건물
숙박업소
감리교회
풀러가
그린가
그린가
새들룸
레드
헛간
광부조합
사무소
스웨이지 호텔
하숙집
디샘보 호텔
메인가
가톨릭 성당
카운티
헛간
거주지
거주지
보디 우회로
보디 광산구역
공동묘지
N
0
100 미터

고작 50명뿐이었고, 건물도 판자나 어도비 벽돌로 지은 오두막 20채와 하숙집 겸 술집 하나밖에 없었다. 그런데 1875년, 벙커 힐의 광산이 무너지고 풍부한 금광맥이 드러나면서 모든 것이 바뀌었다. 보디는 하룻밤 사이에 대호황을 맞았다. 소문이 샌프란시스코까지 퍼지자, 서부 전역의 투기꾼들이 곡괭이를 들고 보디로 들이닥쳤다. 하나같이 한몫 잡거나 은밀히 돈을 벌어보려는 속셈이었다. 금을 캐는 사람들이 모이는 곳에는 그들이 벌어들인 돈을 나눠 가지려는 사람들도 몰려들기 마련이다. 얼마 지나지 않아서 보디의 중심가에 상점과 술집, 도박장이 늘어섰다. 홍등가와 아편굴도 생겨났다. 황금처럼 아름다운 심성과 황금으로 꽉 찬 지갑을 모두 지닌 매춘부 로자 메이는 지역 전설이 되었다. 그도 그럴 것이, 캘리포니아에서 매춘은 1910년까지 불법이 아니었다. 반대로 아편은 훨씬 더 일찍 불법으로 지정되었다. 아편굴을 운영하는 것은 물론 아편굴에 방문하는 것까지 처벌하는 새로운 법이 1881년에 통과되었다.

금 채굴은 몹시 고단하고 따분하고 갈증으로 목이 타는 작업이다. 골드러시 당시 광산 시굴자의 90퍼센트가 남성이었던 것으로 추산된다. 바위를 깨부수며 하루를 보낸 그들이 위스키나 맥주 한 잔으로 긴장을 풀고, 카드를 치고, 다른 사람의 품에 안기고, 아편을 피우며 환각에 빠져들기를 원한다고 해서 누가 비난할 수 있을까? 하지만 보디는 수시로 술에 취해 있는 데다 무기까지 지닌 떠돌이 노동자들이 몰려드는 도시, "더 나쁘고 더 미친 사람들"이 자주 싸움에 휘말리는 도시였다. 이런 곳에서 폭력 범죄는 피할 수 없는 현실이었다.

조지프 왓슨은 보디에 관한 1878년 글에서 "대체로 도시는" "무법지대가 아니"었다고 주장했다. 하지만 "길거리 결투"가 "지난가을에 벌어져서 (…) 결투에 참여한 사람 둘이 총에 맞아 죽었다"라고 덧붙였다. 아울러 왓슨은 "허리춤에 차는 권총으로 가하는 기습 공격이 (…) 심각한 결과를 내는 일"이 더 자주 발생했다고 인정했다.

보디가 벼락같은 호황을 맞고 2년 후 인구수가 절정에 이르렀다. 당시 인구는 8000명에서 1만 명 정도로 추정되지만, 인구 구성이 끊임없이 변화한 탓에 정확한 수치를 계산하기는 어렵다. 더불어 보디는 사악한 범죄와 부패가 곪아 터진 지옥 구덩이로 악명을 떨쳤다. 보디는 선량한 남자라고는 전혀 찾아볼 수 없고, 품위 있는 여자는 악덕의 꼬임에 빠지고 싶지 않다면 결코 발을 들여놓아서는 안 될 추잡한 도시였다. 적어도 일부 신문은 그렇게 외쳐댔다. 보디 사람들은 언론의 비난에 개의치 않았다. 심지어 세간의 악평을 거칠고 난잡한 곳에서 살아남은 것을 기념하는 명예 훈장으로 여기기까지 했다.

아래: 캘리포니아 광산 도시였던 보디는 쇠락한 모습을 그대로 간직한 유령 도시가 되었다.

1880년대가 저물어갈 무렵, 금 매장량이 줄어들면서 횡재를 찾아 보디로 몰려들었던 부랑자 무리도 떠났다. 1890년이 되자 도시는 더 조용하고 고요해졌다. 인구는 겨우 682명이었고, 그중에는 가족도 일부 있었다. 이들은 최근에 지어진 교회 두 군데 가운데 마음에 드는 곳을 골라 다닐 수 있었다. 이후 40여 년 동안 변변찮은 금광 사업과 사이안화물 공장이 짭짤한 일자리를 제공해주었다. 그러나 제2차 세계대전 이후 광산과 공장이 문을 닫으면서 보디는 존재 이유도, 몇 남지 않은 주민도 모두 잃었다.

보디는 섬뜩한 유령이 되어갔다. 판잣집은 허물어졌고, 버려진 건물은 파괴되었다. 약탈이 만연해져서 도둑들이 묘지의 비석까지 뽑아갔다. 부패와 타락을 막고자 텅 빈 지역을 감시하는 경비원 세 명이 고용되었다. 하지만 경비 두 명이 순찰하던 중에 언쟁을 벌인 뒤 서로 말도 섞지 않는 사이가 되는 바람에 치안은 별로 개선되지 못했다. 결국 1962년, 캘리포니아주가 나서서 보디를 주립유적공원으로 바꾸었다. 공무원들은 1880년대 전성기 모습을 복원하는 대신 '현 상태가 더는 쇠퇴하지 않도록' 보존하기로 정했다. 오늘날, 보디는 개척 시대의 폐허를 그대로 지키고 있다. 텔레비전이 생가죽 채찍과 매캐한 총탄 연기를 아직 방영해주던 시절의 모습이다. 때때로 60년 전 모습을 그대로 유지하기 위해 수리를 받기도 한다.

플래그스태프

미국

북위 45° 12' 53.4" / 서경 70° 21' 00.0"

미국 국기만큼 자국에서 환영받는 국기는 거의 없다. 미국에는 '올드 글로리Old Glory'로도 불리는 성조기를 온종일 기념하는 날도 있다. 1916년부터 매해 6월 14일은 국기의 날이다. 이날은 퍼레이드를 열고 훈제 고기와 채소를 먹는 여느 축제와 다를 바 없으며, 일부 주에서는 휴일이다. 국기는 미국 공립학교에서 날마다 하는 '국기에 대한 맹세'의 핵심이기도 하다. 학생들은 가슴에 손을 얹고 성조기를 응시하며 다 함께 '국기에 대해', 그다음에는

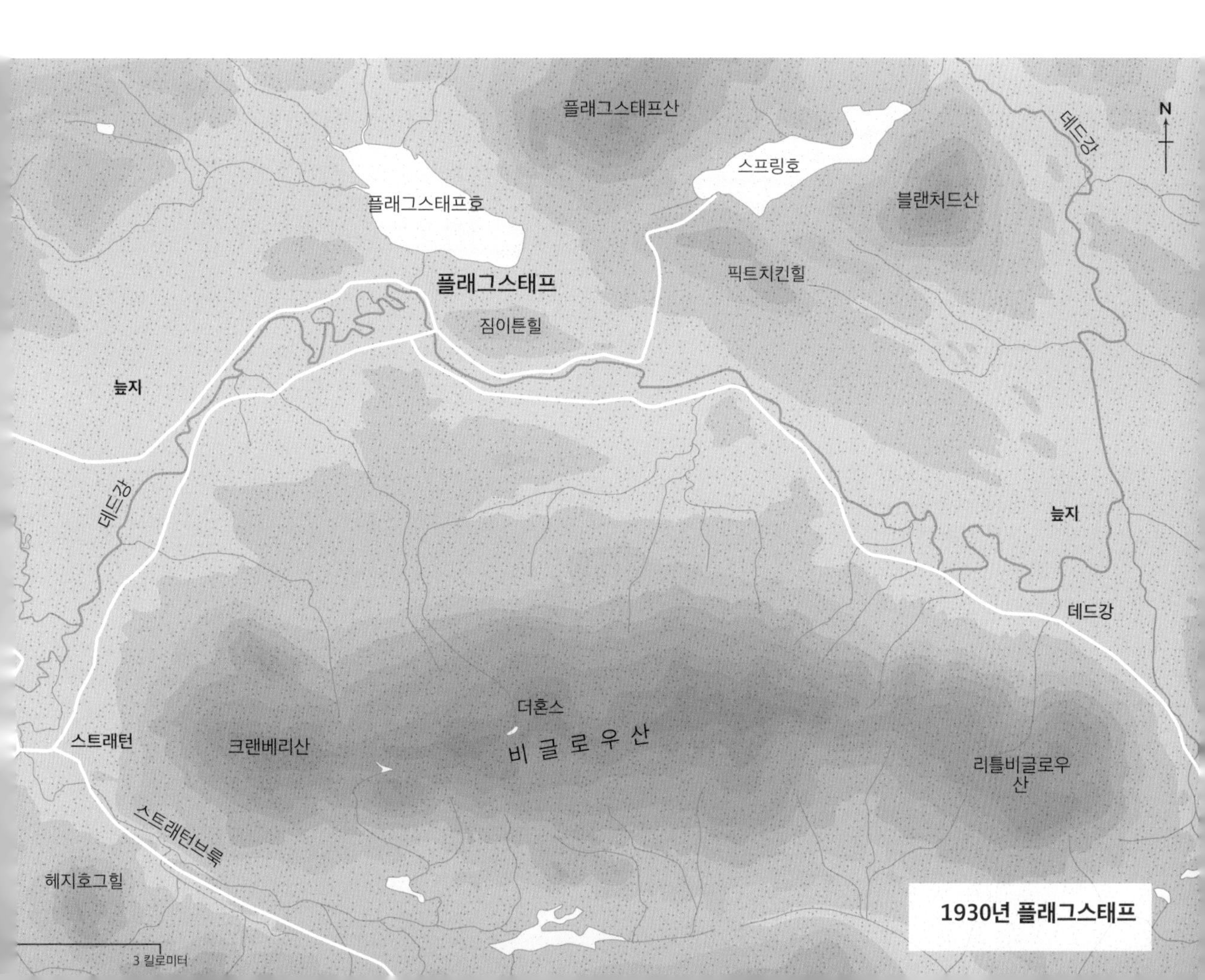

위: 비글로우산에서 바라본 플래그스태프호.

'국기가 상징하는 국가에 대해' 엄숙한 서약을 읊는다.

원시적 깃발은 전투에서 무찌른 적의 피를 승리의 상징 삼아 적셔 장대에 높이 매단 누더기 천이었다. 태생부터 깃발은 본질상 소속감이 핵심이었다(우리는 사람들이 외부의 공통 위협을 인식하고 그에 맞서 단결할 때 '깃발 아래 집결'한다고 표현한다). 깃발은 집단 정체성을 보여주는 강력한 시각적 표상이며, 그 디자인은 보통 상징적·이념적·정치적 의미를 지닌다. 성조기도 예외는 아니다. 성조기는 미국의 독립 투쟁 과정에서 태어났다. 독특한 빨간색과 흰색 줄무늬의 기원은 자칭 '자유의 아들Sons of Liberty'이 1765년 인지세법에 따라 아메리카 식민지에 부과된 세금에 반대하며 시작한 캠페인으로 거슬러 올라간다.

보스턴의 느릅나무 아래서 세금 반대 시위가 벌어지자 당국은 치안을 방해하는 집회를 막기 위해 나무를 베어버렸다. 그러자 자유의 아들은 간단히 장대를 하나 세우고, 그 위에 빨간색과 흰색 줄 9개가 (보통 수직으로) 그려진 깃발을 달았다. 줄의 개수는 새로운 세금에 반대하는 식민지 주 아홉 곳(매사추세츠, 코네티컷, 로드아일랜드, 뉴욕, 뉴저지, 펜실베이니아, 델라웨어, 메릴랜드, 사우스캐롤라이나)을 반영했다. 영국은 즉시 이 깃발을 불법으로 지정했고, 민중은 이 깃발을 '저항의 줄무늬Rebellious Stripe'라고 불렀다. 이 깃발은 독립전쟁 당시 색깔과 규격이 다채롭게 변형되어 사용되었다. 미국이 독립을 선포하고 1777년, 성조기의 첫 번째 버전이 새로운 나라를 상징하는 깃발로 채택되었다. 빨간색과 흰색으로 이루어진 '저항의 줄' 13개와 파란 바탕에 무리를 지은 흰 별 13개가 어우러진 형태였다(줄과 별의 숫자는 독립전쟁에 뛰어든 최초의 식민지 13곳을 상징한다).

베네딕트 아널드 대령이 영국에 맞서 대륙육군Continental Army(미국 독립전쟁에 참전한 13개 식민지의 군대—옮긴이)을 이끌면서 어떤 깃발을 사용했는지는 기록이 존재하지 않아 알 수 없다. 다만 아널드 대령이 미국의 독립을 위해 싸우던 중 뜻밖의 깃발

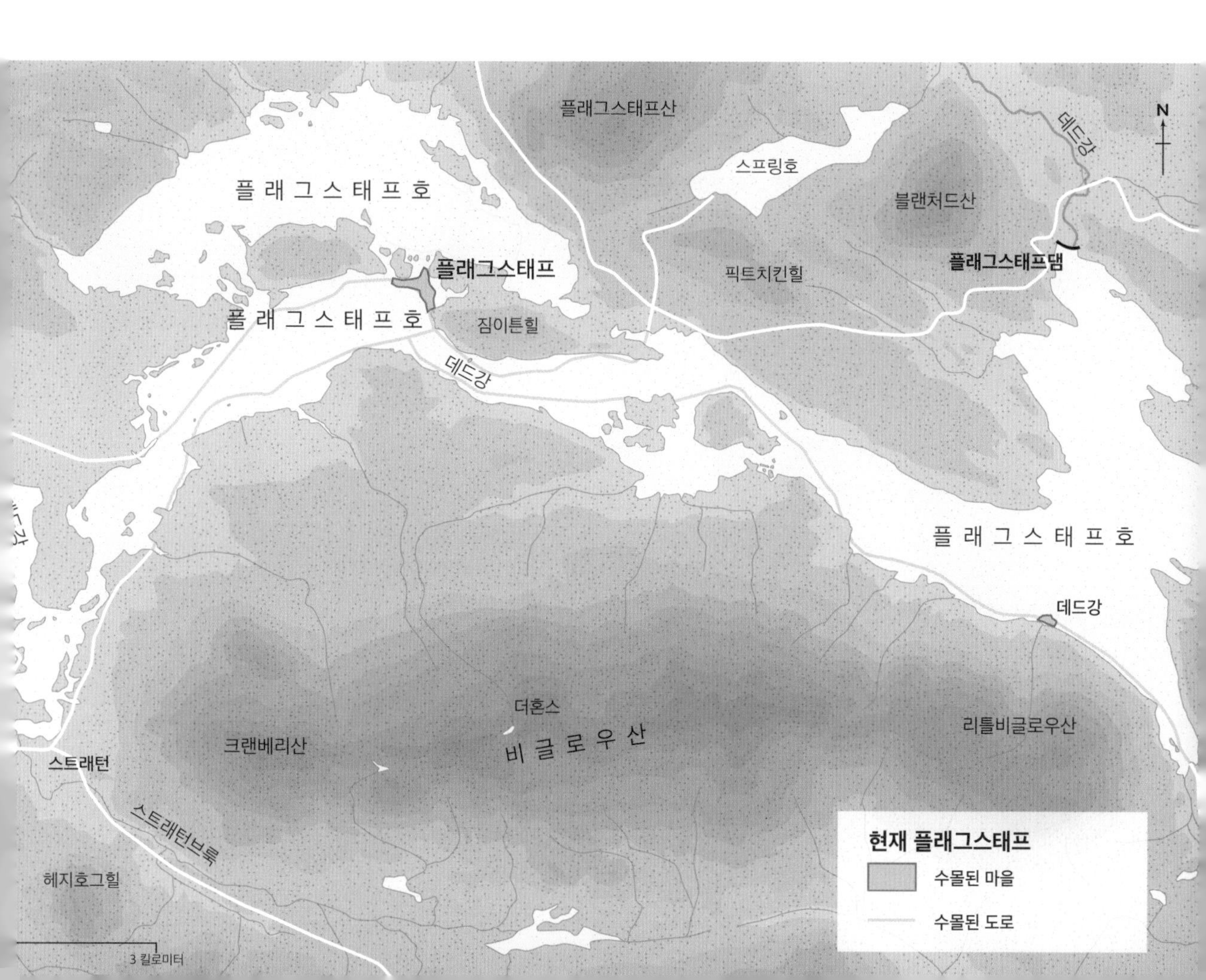

을 들어 올렸다는 사실은 확실하다. 그는 독립전쟁에서 세운 공적으로 애국 영웅이 될 뻔했지만, 결국 독립이라는 대의를 저버리고 영국군에 투항했다.

어쨌거나 1775년 12월에 아널드는 충성스러운 대륙육군으로서 퀘벡을 향해 북쪽으로 진군했다. 그는 리처드 몽고메리 장군과 함께 영국이 점령한 도시를 함락시키고, 캐나다에서 독립투쟁 지원을 끌어낼 계획이었다. 그러나 이 작전은 대실패로 돌아갔다. 몽고메리는 첫 공격에서 전사했고, 아널드는 다리에 총을 맞았다. 2년 후 베미스 고지Bemis Heights 전투(제2차 새러토가 전투Battle of Saratoga)에서 똑같은 다리에 또 부상을 얻는 바람에 다리 상태는 더욱 악화했다.

퀘벡 전투 당시 1000명 남짓이었던 대륙육군 가운데 400명 이상이 목숨을 잃었다. 침략군에게 대포와 머스킷 총으로 일제 사격을 퍼부었던 영국군은 사상자가 많지 않았다. 퀘벡 전투는 미국군이 독립전쟁에서 겪은 첫 번째 주요 패배였다.

아래: 수몰되기 전 플래그스태프의 중심가.

물론, 이 모든 일은 아널드가 보병대를 이끌고 오늘날 메인주에 해당하는 지역의 황무지를 통과하던 때로부터 몇 주 후에나 일어날 터였다. 결의에 찬 아널드의 부대는 국경을 넘어 눈 덮인 에이브러햄 고원에 집결해서 퀘벡 공격을 준비할 예정이었다. 그들은 불과 몇 달 전 뉴욕 북부에서 타이콘데로가요새에 주둔한 영국 수비대를 정복한 터라 한껏 고무되어 있었다. 앞날에 상당히 자신만만했던 아널드는 훗날 데드강Dead river 범람원으로 알려질 지역에 막사를 치고 깃대를 세웠다. 아마 그 깃대에 독립을 향한 열렬한 염원을 담았을 것이다.

하지만 독립에 대한 열정은 식어버렸다. 아널드는 자신만 제쳐두고 휘하의 부하들이 진급하자 무시당했다고 느꼈다. 게다가 필라델피아의 군정장관으로서 빚까지 상당히 지게 되자 편을 바꾸기로 마음먹었다. 1780년, 베네딕트 아널드는 보상금을 받고 영국군에 투항했다. 수년 후, 어느 늙은 사냥꾼이 아널드가 세운 깃대를 발견했다. 이후 1800년대 초반에 이곳의 기름진 흙과 넉넉한 목재, 근처 호수와 강에서 얻는 풍부한 담수에 이끌려 사람들이 찾아왔다. 정착촌은 아널드의 깃대flagstaff를 따서 '플래그스태프'라고 불렸고, 깃대를 그대로 유지하는 일은 마을의 전통이 되었다.

1840년대, 마일스 스탠디시라는 사람이 플래그스태프에 제분소와 제재소를 세우고 근처 소규모 댐에서 전력을 공급받았다. 플래그스태프는 인근의 데드리버플랜테이션Dead River Plantation 마을과 더불어 100년 가까이 번창했다. 그런데 1949년, 월터 와이먼의 센트럴메인전력회사Central Maine Power가 수력 발전을 위해 데드강의 롱폭포에 새로운 댐을 건설했다. 이 댐이 불운한 플래그스태프와 데드리버플랜테이션의 운명을 결정지었다. 두 마을은 메인주에 전력을 더 많이 공급하기 위한 행군 앞에 익사했다. 주변의 숲은 개간되었고, 덤불은 잘려서 불에 탔고, 학교 같은 건물은 완전히 허물어졌다. 나머지는 그대로 물속에 잠겼다. 당시 〈보스턴글러브〉에 실린 기사에 따르면, 1949년 독립

기념일 저녁에 플래그스태프에서 고별 행사가 열렸다. 이틀간 이어진 송별회에 주민 300명이 모여서 고향에 마지막 인사를 건넸다. 그때쯤 주민 대다수는 유스티스Eustis라는 마을로 이미 옮겨 가 있었다. 유스티스는 그들이 위안을 느낄 수 있을 만큼 플래그스태프와 가까우면서도 위험한 수몰에 영향을 받지 않을 만큼 떨어져 있었다. 플래그스태프와 데드강 공동묘지에 묻혔던 고인들도 함께 갔다. 절대로 고향을 떠나지 않겠다고 고집스럽게 버티던 사람들도 있었다. 투지 넘치는 저항이었지만, 파도를 막으려던 크누트대왕의 노력처럼 결국 헛수고로 돌아가고 말았다.

송별회에서 일가족과 친척, 오랜 친구들이 모여 지나간 시절의 닳고 닳은 일화를 이야기하던 중, 마을의 깃대를 처리하는 문제가 화제에 올랐다. 잠시 침묵이 흐른 후 우체국장 에번 레빗이 깃대를 그대로 두자고 제안했다고 한다. 베네딕트 아널드의 깃대는 메인주에서 가장 큰 인공 호수 아래서 최후를 맞는 플래그스태프의 마지막 기념비로 서 있어야 했다. 레빗의 의견이 받아들여졌는지, 이듬해 봄에 마을로 휘몰아친 물은 깃대도 함께 휩쓸어버린 듯하다. 플래그스태프가 물에 잠기던 날 깃대에 무슨 깃발이 휘날렸는지, 어떤 깃발이라도 있었는지 역사는 알려주지 않는다. 미국 헌법의 수정 제1조 속 표현의 자유 조항은 성조기를 모독할 권리를 법적으로 보장한다. 하지만 공화국의 기치인 성조기를 마을과 함께 수몰시키는 것은 너무도 벅찬 일이었을 것이다.

위: 1950년, 플래그스태프에 남아 있던
건물이 물에 잠기고 있다.

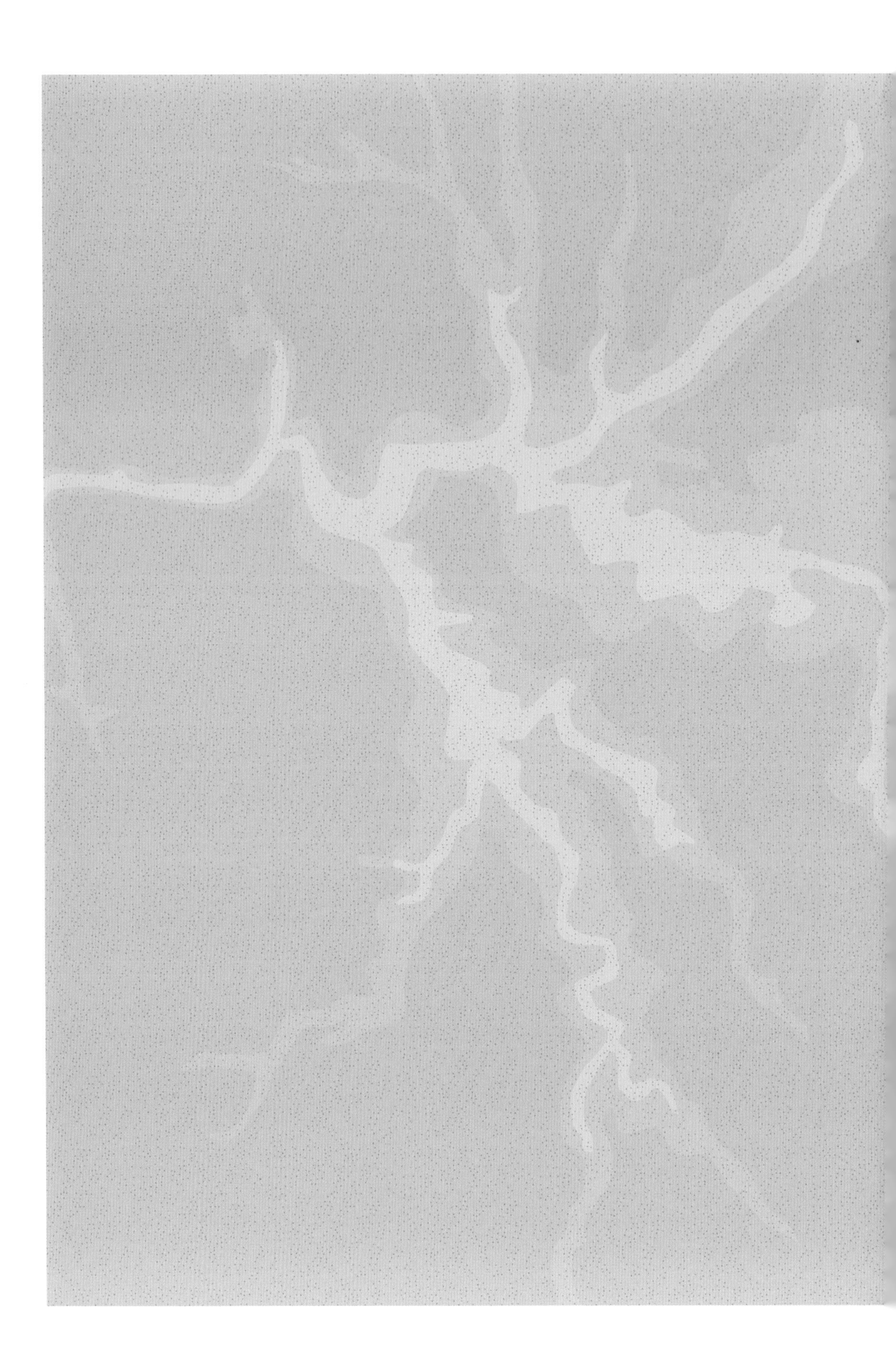

사그라지는 곳

SHRINKING PLACES

다뉴브강

유럽

북위 48° 13' 18.1" / 동경 16° 24' 52.3"

16세기 독일의 지도 제작자이자 천지학Cosmography 연구자인 제바스티안 뮌스터는 저서 《코스모그라피아》에서 다뉴브강이 노아와 대홍수의 시대에 배수로로 생겨났다고 주장했다. 또한, 다뉴브강은 황금 양털을 찾아 나선 이아손과 아르고호 원정대가 항해한 강이라고도 한다. '역사학의 아버지' 헤로도토스는 이 강을 "우리가 아는 모든 강 가운데 가장 큰 강"이라고 일컬었다. 다뉴브강은 현재의 물길을 따라 300만 년 가까이 흐르고 있다. 아울러 유럽 역사에서 기념비적 변화가 일어날 때마다 배경이 되어주었다. 강은 중석기 초 유럽에 인류 사회가 출현한 것도, 유럽연합이 탄생해서 팽창하는 것도 모두 목격했다. 그 사이에 마케도니아왕국과 로마제국, 합스부르크제국, 오스만제국, 독일 나치 정권, 소비에트연방이 부흥했다가 쇠퇴하는 과정도 빠짐없이 지켜보았다. 주변의 땅은 모양과 이름이 바뀌었지만, 다뉴브강은 초기 지도 속 모습 그대로 남아 있는 것 같다. 물론, 실제로는 강 역시 숱한 변화를 겪었다.

다뉴브강은 독일 남부의 슈바르츠발트Schwarzwald에서 샘솟아 루마니아의 동쪽 끝 술리나Sulina로 흐른다. 술리나에서 땅은 곧 모래밭으로 바뀌어 사라지고, 강물은 흑해의 철썩이는 파도가 된다. 다뉴브강은 유럽의 주요 강 가운데 유일무이한 존재다. 북쪽에서 남쪽으로 흐르지 않고 서쪽에서 동쪽으로 흐르기 때문이다. 2850킬로미터에 달하는 강은 현재 독일부터 오스트리아, 슬로바키아, 헝가리, 크로아티아, 세르비아, 불가리아, 루마니아, 몰도바, 우크라이나까지 총 열 개 나라를 통과한다. 이 강은 수백 년 동안 유럽과 아시아를 잇는 다리였지만, 반대로 동서와 남북을 가로막는 장벽이기도 했다. 다뉴브강은 오늘날의 슬로바키아와 헝가리를 나누며, 루마니아가 세르비아와 우크라이나, 불가리아와 맞대는 국경을 정하는 데 도움을 준다.

알렉산드로스대왕은 다뉴브강—고대 그리스에서는 이스터Ister 강이라고 불

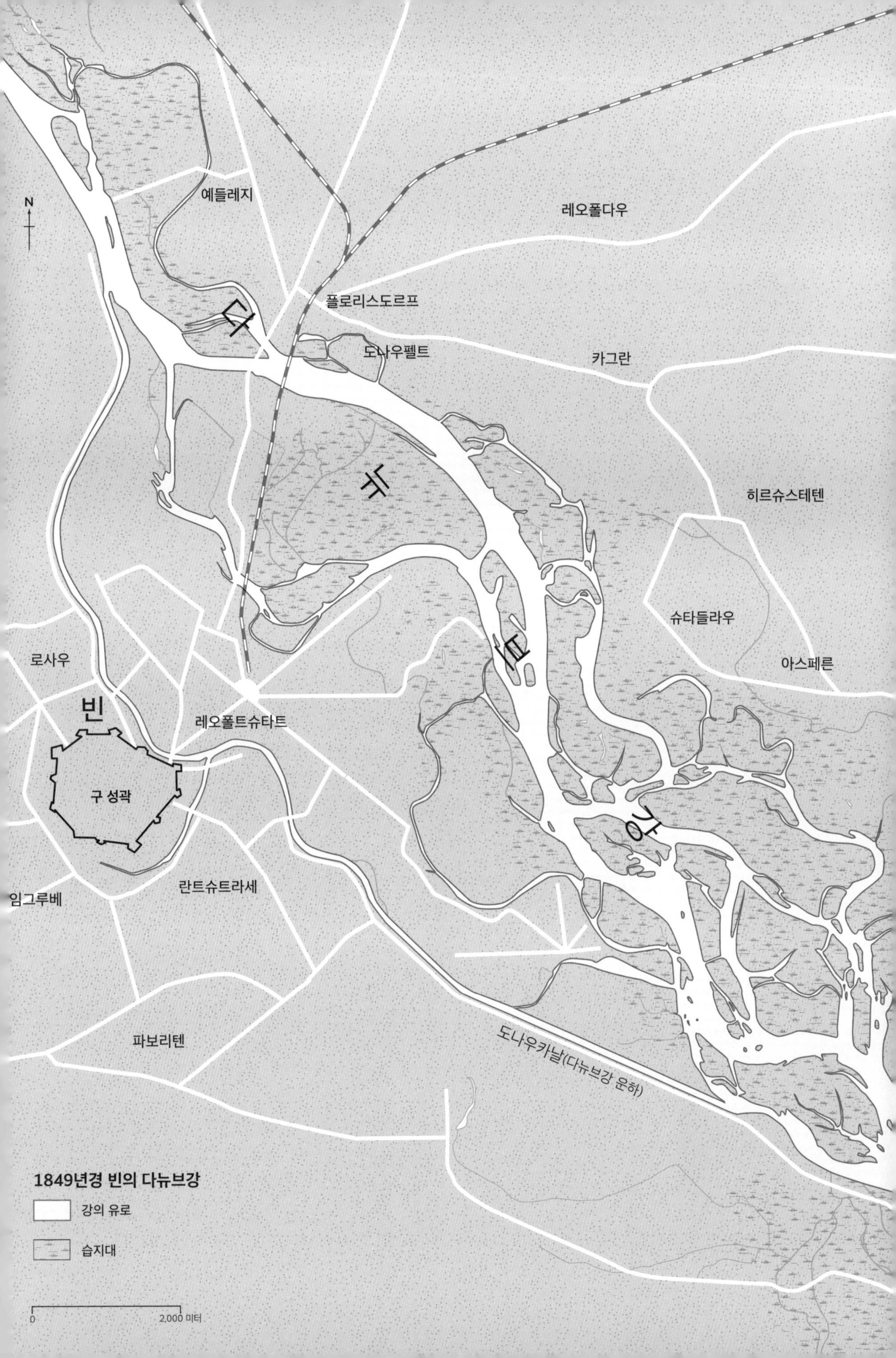
N
예들레지
레오폴다우
플로리스도르프
도나우펠트
카그란
다
뉴
브
강
히르슈스테텐
슈타들라우
아스페른
로사우
빈
레오폴트슈타트
구 성곽
란트슈트라세
임그루베
파보리텐
도나우카날(다뉴브강 운하)
1849년경 빈의 다뉴브강
강의 유로
습지대
0
2,000 미터

위: 1894년의 판화. 루마니아 술리나의 다뉴브강 하구에 새로운 운하가 개통된 장면을 담고 있다.

렀다—을 제국의 북방 한계선으로 정했다. 로마제국도 북방의 약탈자 무리를 막고자 다뉴브강 기슭의 유리한 위치에 군사 거점 빈도보나Vindobona(빈)를 세우고 강가를 따라 군대를 주둔시켰다. 세월이 한참 흐르고 냉전 시기, '철의 장막'이 유럽을 가로지르며 동쪽의 소련과 공산권을 서쪽의 자본주의 진영과 갈라놓았다. 이때 다뉴브강도 베를린처럼 반으로 쪼개졌다. 강은 오스트리아 빈과 슬로바키아 브라티슬라바 사이를 흐르는 바리케이드였다. 소련이 무너지고 발칸 전쟁이 끝난 후에도 다뉴브강의 선박 통행은 세르비아의 노비사드에서 막혀 버렸다. 이 도시에서 강을 가로지르는 자유의 다리 한가운데가 1999년 나토 폭격으로 폭삭 주저앉았기 때문이다.

오늘날에는 EU가 자금을 지원한 덕분에 배가 다뉴브강 전체를 막힘없이 오갈 수 있다. 하지만 강의 동쪽 끝은 생태 재앙에 크게 위협받고 있다. 헝가리와 세르비아, 루마니아의 강 근처 저수지와 폐공장에서 중금속과 유독성 폐기물로 가득 찬 웅덩이가 발견되었다. 소비에트 체제가 장려했던 보크사이트와 우라늄 채

노이어도나우운하
예들레지
레오폴다우
플로리스도르프
도나우펠트
카그란
알테도나우(옛 다뉴브강)
브리기테나우
다
히르슈스테텐
츠비셴부르켄
뉴
슈타들라우
로사우
브
아스페른
레오폴트슈타트
강
빈
라임그루베
란트슈트라세
노이어도나우운하
파보리텐
도나우카날(다뉴브강 운하)
현재 빈의 다뉴브강
강의 유로
0
2,000 미터

굴 같은 중공업의 유산이다. 이런 오염물질이 수로로 누출된다면 강 유역 전체가 완전히 파괴될 수도 있다.

현재 다뉴브강은 다양한 산업 활동으로 언제나 북적거린다. 이런 모습은 기본적으로 근대 산업화의 산물이다. 오늘날의 다뉴브강을 형성한 것은 강둑을 따라 들어선 부두와 선창, 조선소다. 강에는 제방과 운하가 대거 건설되었으며, 강을 가로지르는 다리도 곳곳에서 두드러진다. 이런 현대화 과정은 1870년대에 본격적으로 시작되었다. 수에즈운하를 지은 프랑스 건설회사 카스토르쿠브뢰에에르상Castor, Couvreux et Hersent이 빈에서 제멋대로 굽이치는 강 12킬로미터를 직강화하는 공사를 맡았다. 이 '개량 사업'은 19세기 말에 시작해 20세기 내내 이어졌다. 지금 우리가 아는 다뉴브강은 예전의 범람원 가운데 80퍼센트를 잃은 모습이다. 강의 30퍼센트만 이전처럼 자유롭게 곡류한다. 한번은 나이 든 하인리히 하이네가 젊은 카를 마르크스에게 이렇게 충고했다고 한다. "강이 물과 다른 점은 기억과 과거, 역사를 품고 있다는 것이네." 다뉴브강은 기억과 역사를 품고 있다. 다만 이 강이 건강한 미래까지 품을 수 있을지는 우리에게 달려 있다.

오른쪽: 오스트리아 빈의 다뉴브강과 새로운 운하.

아래: 오스트리아 린츠의 다뉴브강에서 바라본 공업 지구의 해 질 녘 풍경.

사해

요르단·이스라엘

북위 31° 29' 33.2" / 동경 35° 28' 40.3"

사해는 아랍어로 '바흐르엘루트Bahr el-Lut', 즉 롯의 바다로 불린다. 유대인 공동체에서는 히브리어로 소금 바다를 뜻하는 '얌하멜라흐Yam Ha-Melah'로 불린다. 성서 시대에 탄생한 이 히브리어 명칭은《창세기》에 처음 등장한다. 유대 민족의 역사에서 사해는 '동쪽 바다'로 불리기도 했다. 서쪽의 지중해와 구별하려는 의도가 담긴 이 이름은 언어학상 과거 개념까지 함축했다. 성서와 유대 구전에서 사해는《창세기》에 언급되는 들판의 다섯 성 가운데 네 곳의 파멸과 깊이 관련되어 있다. 소알을 제외하고 소돔과 고모라, 아드마, 스보임은 신의 노여움을 사서 멸망했다. 아마도 이 사건은 고대 사해 지역에서 벌어진 지질학적 대재앙을 일부 반영할 것이다. 그런데 오늘날의 이스라엘과 요르단 사이에 놓인 이 짜디짠 중수重水 호수에 죽음의 의미를 덧붙인 주인공은 바로 고대 로마인이다. 로마인은 호수의 독특한 특성에 매료되어 '죽음의 바다'를 뜻하는 '마레모르툼Mare Mortuum'이라고 일컬었다.

'죽음의 바다'는 최악의 이름이 아니었다. 중세의 기독교 순례자들은 사해를 시나이산과 예루살렘 사이 기착지로 삼았다. 그들은 사해의 물속에 온갖 기괴한 생명체가 도사리고 있다고 믿었고, 사해가 유독하고 악취가 진동하는 증기를 내뿜는다고 생각했다. 순례자들이 선택한 지명은 '악마의 바다'였다. 사해는 '썩은 호수'로 불리기도 했다. 틀림없이 사해에서 풍기는 유황 냄새 때문일 것이다. 이 냄새는 지금도 계속 풍겨 나오고 있다. 그런데 겨우 50여 년 전부터 사해는 정말로 죽음의 단계에 접어들었다.

사해 분지는 양옆으로 돌투성이 모아브산과 유대 광야가 버티

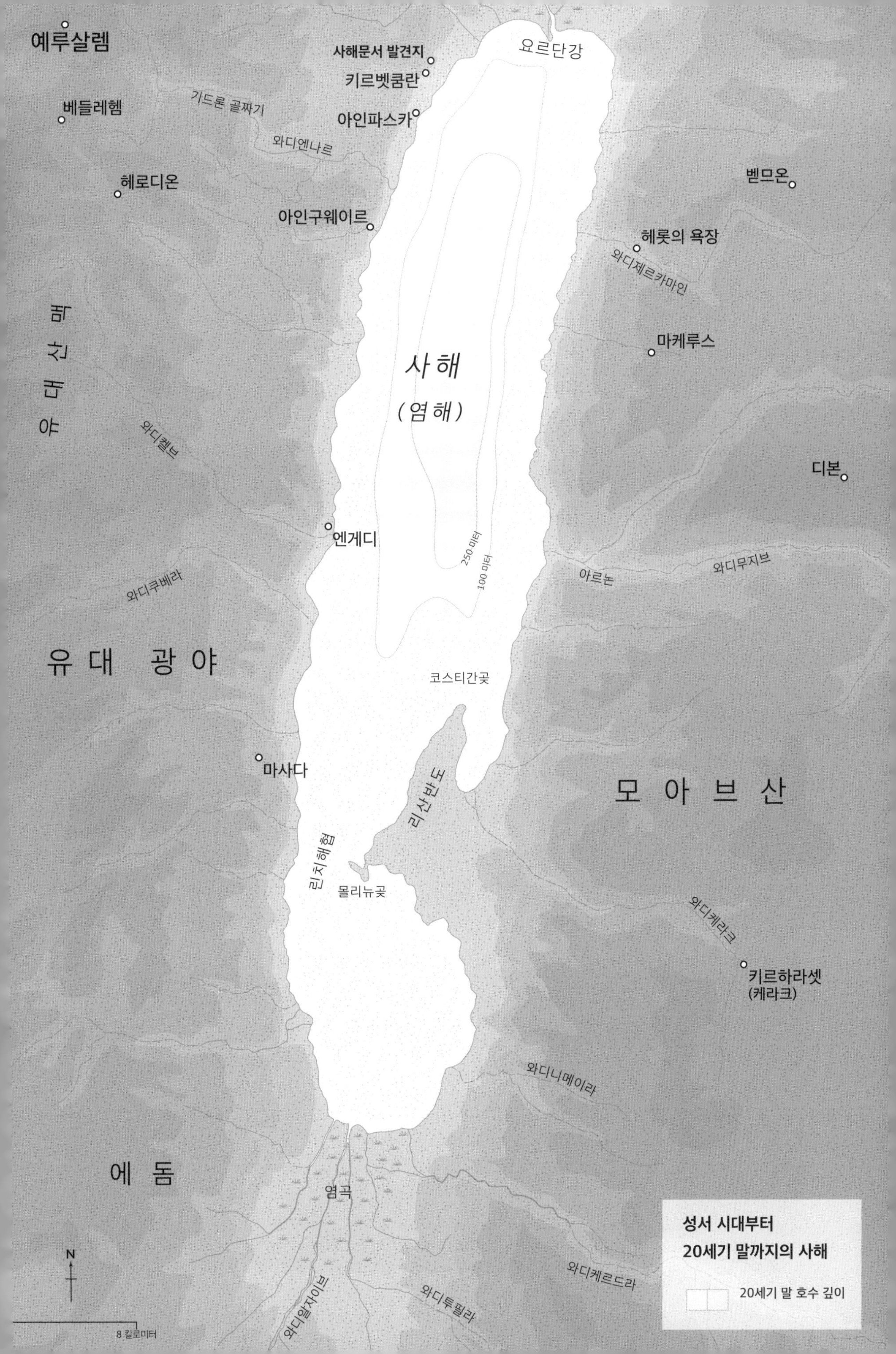

예루살렘
사해문서 발견지
키르벳쿰란
아인파스카
요르단강
기드론 골짜기
베들레헴
와디엔나르
헤로디온
벧므온
아인구웨이르
헤롯의 욕장
와디제르카마인
유다 산맥
마케루스
사해
(염해)
와디켈브
디본
엔게디
250 미터
100 미터
아르논
와디무지브
와디쿠베라
유대 광야
코스티간곶
마사다
리산반도
모아브산
린치해협
몰리뉴곶
와디케라크
키르하라셋
(케라크)
와디니메이라
에돔
염곡
성서 시대부터
20세기 말까지의 사해
20세기 말 호수 깊이
N
와디케르드라
와디알자이브
와디투필라
8 킬로미터

고 선 탓에 경치가 상당히 황량하지만, 선사 시대부터 꾸준히 인간 사회를 품었다. 이 일대에서 역사가 가장 깊은 도시로는 북쪽의 예리코와 남쪽의 소알을 꼽을 수 있다. 수백만 년 전, 지각 표층이 이동하며 동아프리카 대지구대를 만들었을 때 사해도 함께 생겨났다. 사해는 서남아시아부터 동아프리카에 이르는 이 지구대 안에 놓여 있다. 어쩌면 갈릴리호까지 닿았던 훨씬 더 오래된 호수에 포함되었을지도 모른다. 사해는 해수면보다 약 427미터 아래, 지구에서 가장 낮은 자리에 있다. 그다음으로 낮은 곳은 고작 해수면 아래 152미터를 기록한 지부티의 아살호Lake Assal 또는 중국 투루판Turfan Depression 분지다. 서반구에서는 해수면 85미터 아래에 있는 캘리포니아 데스밸리Death Valley 정도가 겨우 명함을 내밀 수 있다. 북쪽의 요르단강과 주변 산지에서 흘러드는 물로 유지되는 사해는 다른 바다보다 염도가 최대 일곱 배나 높다. 33퍼센트나 되는 높은 염도는 물의 증발과 풍부한 암염 퇴적물 덕분이다. 미국 유타주의 그레이트솔트호Great Salt Lake는 염도가 기껏해야 27퍼센트다.

아래: 사해는 수위가 빠르게 낮아지며 사라질 위험에 처했다.

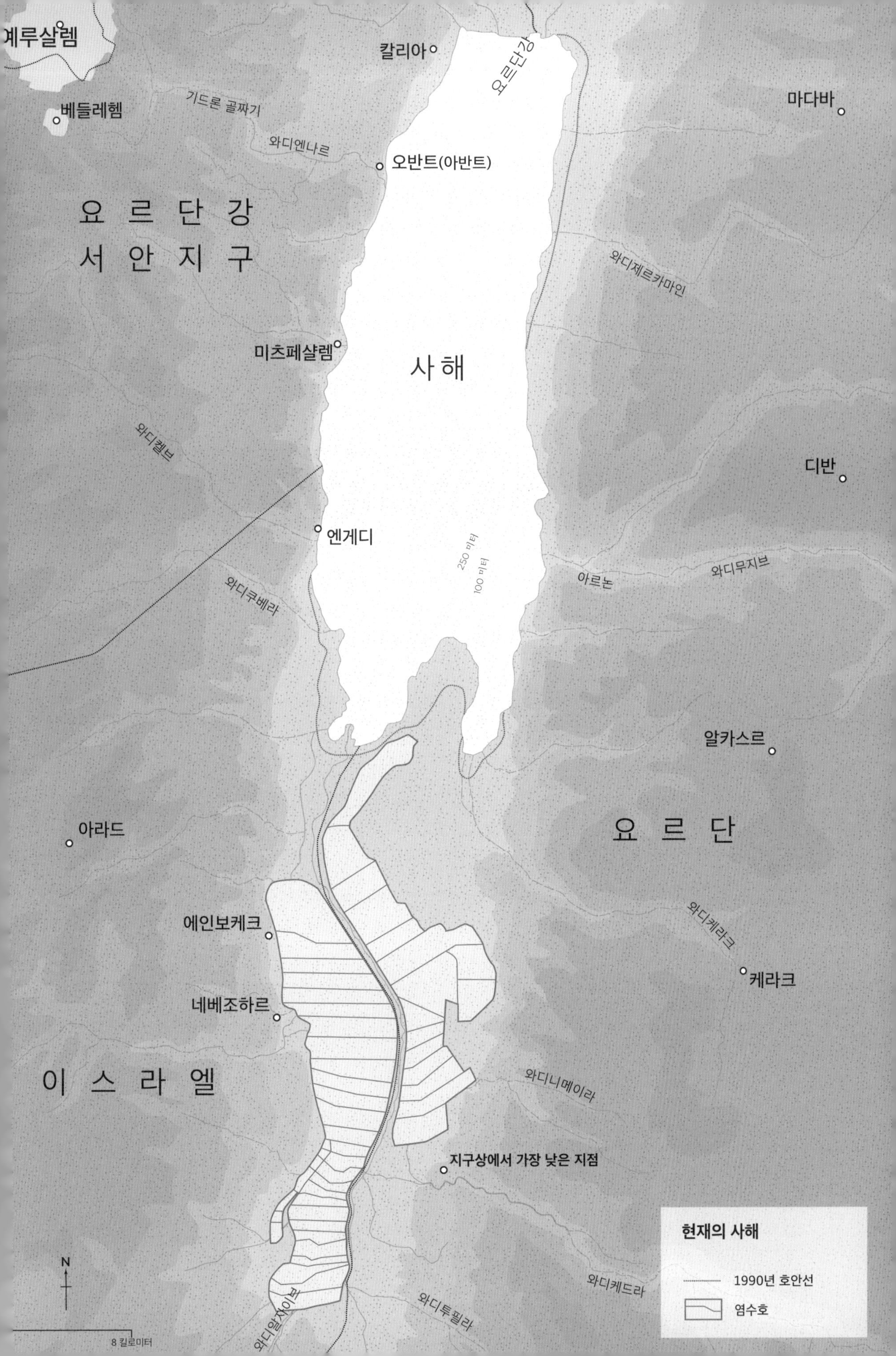
예루살렘
칼리아
요르단강
베들레헴
기드론 골짜기
마다바
와디엔나르
오반트(아반트)
요르단강 서안지구
와디제르카마인
미츠페샬렘
사해
와디켈브
디반
엔게디
250 미터
100 미터
아르논
와디무지브
와디쿠베라
알카스르
아라드
요르단
에인보케크
와디케라크
케라크
네베조하르
이스라엘
와디니메이라
지구상에서 가장 낮은 지점
현재의 사해
1990년 호안선
염수호
N
와디케드라
와디투필라
8 킬로미터

1960년대와 1970년대부터 이스라엘과 요르단, 시리아에서 도시와 마을이 팽창하며 생활 용수와 농업 용수에 대한 수요가 커졌다. 이들 나라는 요르단강 상류와 야르무크강Yarmouk rivers(요르단강 하류로 흘러드는 주요 지류)의 물길을 바꾸기 시작했다. 결국 사해는 걱정스러운 수준으로 줄어들고 있다. 한때 사해의 길이는 80킬로미터에 이르렀지만, 지금은 겨우 48킬로미터에 불과하다. 수위도 매해 1미터씩 낮아지고 있다.

위험에 처한 것은 2000년 넘게 이 지역을 정의해온—이곳에는 유대인과 기독교도, 이슬람교도에게 신성한 장소가 수두룩하다—독특한 자연 현상뿐만 아니라 주변 생태계 전체다. 사해의 수위가 낮아지면서 싱크홀이 많이 생겨났다. 싱크홀 때문에 인근 도로와 건물의 기반이 약해질 수도 있다. 심지어 사해 주변에는 치유력 있다는 소금물로 목욕하러 찾아오는 관광객과 순례객이 투숙하는 호텔도 많다. 결국, 호수를 예전처럼 가득 채우기 위한 적극적 행동만이 가까운 미래에 벌어질 참사를 막을 수 있을 것이다.

아래쪽: 이스라엘 엔게디에 면한 사해 근처 싱크홀.
2012년에 촬영한 사진이다.

슬림스강

캐나다

북위 60° 54' 16.6" / 서경 138° 38' 06.9"

‘하천 쟁탈river piracy’이라는 표현을 들으면 배를 탄 도적 떼가 강을 오가며 노략질하는 이미지가 떠오른다. 하지만 이 말은 지형학 용어다. 지형학은 지표와 기질, 바다와 강의 밑바닥에서 생기는 변화를 연구하는 학문이다. 지형학에서 ‘하천 쟁탈’은 어느 하천이 다른 하천 상류의 흐름을 빼앗는 현상을 가리킨다. 이런 현상을 보여주는 증거는 지질학적 기록에서 늘 확인할 수 있다. 수천 년 전이나 수백만 년 전에 벌어진 하천 쟁탈도 암석에 기록되어 있다. 그런데 2016년, 지형학자들은 놀랍게도 캐나다의 슬림스강이 단 나흘 만에 사라지는 동안 하천 쟁탈을 직접 관찰할 수 있었다.

하천 쟁탈이 슬림스강 주변 풍경에 미친 영향은 엄청났다. 한때 강물이 흐르던 곳에 풀이 자라나서 돌산양의 먹이가 되었다. 물고기는 모조리 사라졌다. 얼마 전까지 물고기가 헤엄치고 알을 낳았을 곳에서 먼지투성이 진창과 퇴적암이 드러났다. 강가 마을 버워시랜딩과 디스트럭션베이는 풍경 일부를 잃었고, 보트나 카누는 쓸모없는 물건이 되고 말았다. 이 뜻밖의 사건은 충격적일 정도로 갑작스럽게 벌어졌다. 이 사건이 주변 지역과 전 세계 환경에 미칠 영향은 훨씬 더 충격적일 것이다.

적어도 300년 동안 슬림스강을 지탱한 존재는 카스카울시빙하Kaskawulsh glacier에서 녹은 물이었다. 이 거대한 빙하는 캐나다 유콘준주의 세인트엘리어스산 계곡에 자리 잡고 있다. 산악 지대와 호수, 툰드라, 북방 침엽수림이 장엄한 풍경을 자랑하는 이 냉대 지방은 1890년대 클론다이크 골드러시로 명성을 얻었지만, 현재 인구가 희박하다. 원래 카스카울시빙하 표면에서 녹은 물은 슬림스강으로 들어가서 북동쪽으로 흘렀고, 계속해서 클루앤호를 거친 후 마침내 베링해에 닿았다. 그런데 2016년 봄, 캐나다에서 손꼽는 규모를 자랑하던 카스카울시 빙하가 단 며칠 만에 그 어느 때보다 더 빠르게 녹고, 더 멀리 후퇴했다. 빙하 후퇴로

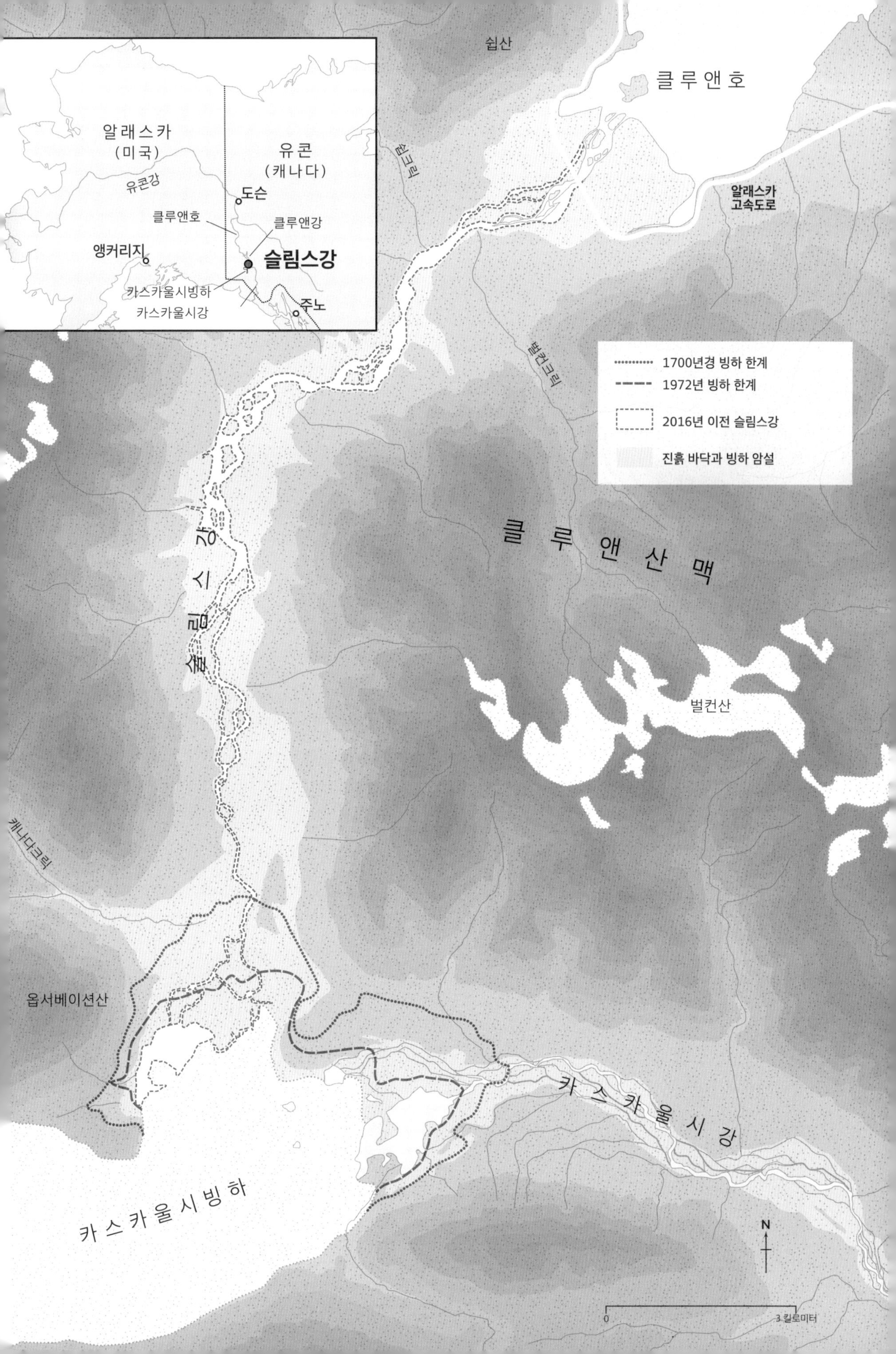
쉽산
클루앤호
알래스카
(미국)
유콘
(캐나다)
유콘강
도슨
클루앤호
클루앤강
앵커리지
슬림스강
카스카울시빙하
카스카울시강
주노
쉽크릭
알래스카
고속도로
벌컨크릭
1700년경 빙하 한계
1972년 빙하 한계
2016년 이전 슬림스강
진흙 바닥과 빙하 암설
클루앤산맥
슬림스강
벌컨산
캐나다크릭
옵서베이션산
카스카울시강
카스카울시빙하
N
0
3 킬로미터

융빙수가 흐르는 경사도가 변했다. 물길도 남쪽으로 바뀌었다. 융빙수는 슬림스강이 아니라 카스카울시강으로, 결국 알래스카만으로 흘러 들어갔다. 빙하는 슬림스강 유역과 카스카울시강 유역의 경계에 있기 때문에 원래는 두 강에 똑같이 물을 공급했다. 그런데 빙하가 녹아서 줄어들자 두 강으로 흐르는 유량의 균형이 깨졌다. 그 결과, 슬림스강은 물을 공급받지 못해 말라갔지만 카스카울시강은 힘차게 밀려오는 물에 큰 활기를 얻었다.

슬림스강이 옛 영광을 되찾을 가능성은 거의 없다. 빙하가 다시 한번 갑작스럽게 전진해야만 슬림스강으로 흐르는 융빙수 물길이 회복될 수 있다. 북아메리카에서 기온이 계속 오를 것이라는 예측을 고려할 때, 빙하의 전진은 좀처럼 발생하지 않을 성싶다. 빙하가 더 후퇴한다면 유콘의 지형에 하천 쟁탈처럼 예측할 수 없는 변화가 찾아올 것이다. 더불어 인간과 동물, 새, 물고기, 풀과 나무 등 유콘에서 살아가는 모든 생명체에도 피할 수 없는 결과가 닥칠 것이다.

오른쪽: 클루앤호로 흘러 들어가는 슬림스강.

아래: 클루앤국립공원 가장자리에서 바라본 클루앤호와 슬림스강의 빙하퇴적물.

스킵시

영국

북위 53° 58' 45.1" / 서경 0° 11' 60.0"

모음과 자음이 어우러져 낭랑하게 발음되는 '레이븐서오드Ravenser Odd'는 한때 무시할 수 없는 이름이었다. 요크셔 동부 해안의 스펀곶Spurn Point 근처, 험버강River Humber이 북해와 만나는 어귀의 모래톱에 들어선 레이븐서오드는 중세의 주요 어항이자 선적항이었다. 도시는 항구와 선창 한 군데, 여러 창고와 조선소, 시장과 감옥, 예배당 한 곳씩, 숱한 선술집을 갖추었다. 정직한 상인부터 비열한 장사치까지 해상 무역에 몸담은 이들에게 각종 편의 시설도 제공했다. 13세기에는 이곳이 이웃의 헐Hull과 그림즈비Grimsby보다 경제적으로 더욱 중요했다. 레이븐서오드는 경쟁 도시를 제치고 우위를 지키는 데 열성이었다. 이곳의 키잡이들은 험버강에 면한 라이벌 항구로 향하는 상선이 레이븐서오드에 우선 정박하도록 부추기며 선수를 치는 것으로 악명이 높았다. 공정할 때도 있지만, 대체로 부정한 방법이었다. 이 약삭빠른 관행 덕분에 레이븐서오드의 상인들은 어떤 화물에든 가장 먼저 손댈 수 있었고, 선박 용구 상인과 조선공은 선박 수리 사업을 낚아챌 수 있었다.

레이븐서오드의 운명을 들은 사람들은 이 도시가 천벌을 받았다고 생각할지도 모른다. 레이븐서오드의 속임수를 곱게 보지 않았던 신이 바다에 도시를 쓸어버리라고 명령한 듯하기 때문이다. 신의 섭리였든 아니든, 1340년대에 도시가 서 있었던 모래톱이 이동하면서 수많은 건물이 한꺼번에 무너져내렸다. 1355년까지 도시의 3분의 2 이상이 물에 잠겼고 주민 대다수가 떠났다. 7년 후, '인간 대익사Great Drowning of Men'로도 불리는 성마르첼로

캐러밴 주차장
1750년 해안선
1880년 해안선
현재 해안선
밀 거리
노스필드
북해
그린 거리
클리턴거리
혼시로
스킵시
사우스필드
더홀드
위도우홀
클리프 거리
클리턴 마을이 있었던 곳
헐로 이어지던 17세기 도로
서기 100년경 해안선
사라진 마을
브리들링턴
0
10 킬로미터
월스소프
오번
하트번
하이드
스킵시
클리턴
북 해
노스소프
혼시
혼시버턴
혼시벡
사우소프
그레이트콜든
그레이트파바
올드앨드버러
링버러
앨드버러
몽크웰
몽크와이크
킹스턴어펀헐
샌드르메르
오손
왁스홈
뉴섬
올드위던시
위던시
올드뉴턴
험버강
딤링턴
터마르
노소프
호턴
올드킨시
레이븐스펀
스펀곶
레이븐서오드
그림스비
N
0
500 미터

의 날 폭풍이 영국의 동해안을 강타했다. 이미 거의 텅 비어 있었던 레이븐서오드도 이 무시무시한 폭풍에 휩쓸려 바닷속으로 사라졌다.

플램버러에서부터 스펀곶까지 이어지는 홀더니스 해안에서 도시와 마을 20곳 이상이 중세 이후로 북해에 가라앉았다. 잉글랜드의 이 지방에서 해안이 침식되는 속도는 무척 빠르다. 현재 일부 도시는 해안선에서 겨우 6킬로미터 떨어져 있을 뿐이다. 해안 침식으로 종말을 맞은 마을들에 관한 연구가 1952년《요크셔 고고학 저널》에 실렸다. 이때 지역 역사학자 M. W. 베레스퍼드는 클리턴Cleeton의 멸망을 간단명료하게 '익사'라는 단 한 단어로 설명했다. 클리턴은 6세기도 더 전에 바닷속으로 사라진 북쪽 이웃 마을 하이드Hyde의 뒤를 따랐다. 클리턴이 있던 자리에서 북서쪽으로 스킵시라는 마을이 있다. 서둘러 조치하지 않는다면, 스킵시의 해안 마을과 캐러밴 주차장, 절벽 꼭대기의 휴양용 별장과 방갈로도 클리턴의 뒤를 따를 것이다.

훨씬 더 먼 과거로 가보자. 로마제국이 브리튼섬을 지배하던 시절, 오늘날 위태롭게 서 있는 스킵시에서 바다로 걸어가려면 한 시간 넘게 걸렸다. 노르만 시대의 성과 영주의 저택을 둘러싸고 생겨난 스킵시는 1600년 무렵에야 비로소 진정한 해안 마을이 되었다. 고대 스칸디나비아어에서 '스킵skip'은 배를 의미했고, '사에르saer'는 호수를 의미했다. '스킵시skip'라는 지명은 배가 오갈 수 있는 수로를 통해 흐르다 헐강으로 들어가는 호숫물에서 유래했다. 나중에 이 호수는 물이 완전히 빠졌고, 겉으로 드러난 비옥한 토사는 훌륭한 농지가 되었다. 이곳에서 농업이 광범위하게 이루어졌던 흔적은 여전히 찾아볼 수 있다. 허물어져 가는 농장 부속 건물들과 폐허가 된 판잣집, 쇠퇴한 농지의 녹슨 농기계들이 스킵시와 더 북쪽의 울롬Ulrome 사이를 점점이 수놓고 있다.

스킵시는 1930년대에 사우스윅팜Southwick Farm 절벽에 휴가용 별장이 지어진 이래로 해안 휴양지가 되었다. 스킵시를 찾은 사람들은 인근의 혼시Hornsea나 위던시Withernsea 같은 주요 휴양지보다 더 조용하고 저렴하게 신선한 공기와 짭짤한 바닷물을 즐길 수 있었다. 1950년대와 1960년대에 캐러밴 주차장까지 들어서자 관광객이 대거 몰려왔다. 사람들은 소박한 아름다움을 품은 풍경에 마음을 빼앗겼다. 스킵시에는 얕고 풀이 우거진 평지가 별안간 끝나고 잘 부서지는 적갈색 절벽이 나타난다. 그 아래 펼쳐진 모래밭에서는 북해의 파도가 늘 철썩거린다. 이곳 해안은 마지막 빙하기가 끝나고 북해가 라인강과 험버강의 물이 들어오는 진흙투성이 늪지대처럼 변했을 때 빙하가 후퇴하며 남긴 점토로 구성되었다. 이 무른 바위 해안은 만들어진 순간부터 침식되기 시작했다. 오늘날 홀더니스 해안은 공식적으로 유럽에서 가장 빠르게 침식되는 해안이다. 현재 스킵시와 스펀곶 사이 해안은 매해 1.5미터에서 2미터 정도씩 깎여나가고 있다. 최근에는 훨씬 더 빠르고 격렬하게 붕괴하는 중이다. 절벽이 하룻밤 사이에 20미터나 사라져버린 일도 한두 번 있었다.

절벽 붕괴 때문에 스킵시에서 남쪽 턴스털Tunstall의 샌드르메르 휴양공원으로 이어지는 주요 도로의 출입이 금지되었다. 다른 해안 도로들마저 침식으로 폐쇄되었다. 그 탓에 바닷가에 면한 스킵시 그린레인Green Lane의 거주민은 건물 뒤쪽으로 난 길을 통해서만 집에 접근할 수 있다. 일부 주민은 매플턴Mappleton과 위던시, 이징턴Easington의 해안을 따라 보호물이 건설되어서 바닷물이 스킵시 방향으로 몰리는 바람에 상황이 나빠졌다고 목소리

를 높인다. 현재는 '지속 가능한' 침식 수준을 받아들이며 해안 보호물을 개선하려는 계획이 시행 중이다. 그러나 해수면이 향후 100년 안에 1미터나 상승할 것으로 예측되므로 스킵시의 생존은 쉽사리 장담할 수 없다.

아래: 해안 침식이 일어나고 있는 스킵시 절벽.

에버글레이즈

미국

북위 25° 16' 50.3" / 서경 80° 53' 58.1"

2016년 미국 대통령 선거 기간, 리얼리티쇼 스타이자 부동산 재벌인 한 후보는 선거 캠페인을 벌이는 내내 자신이 당선되면 '오물을 청소하겠다drain the swamp(직역하자면 늪에서 물을 뺀다는 의미—옮긴이)'라고 거듭 약속했다. 도널드 트럼프는 트위터에 대문자와 느낌표로 강조한 이 문구('DRAIN THE SWAMP!')를 몇 번이고 되풀이해서 포스팅했다. 지지자들은 이 슬로건을 열렬하게 받아들였고, 집회에서 구호로 외쳤다. 다만 트럼프가 청소하겠다는 늪은 순전히 은유였다. 분명히 이 늪은 로비스트의 영향력을 가리켰다. 트럼프는 로비스트가 정부에 지나치게 영향을 미친다고 보았다. 아울러 트럼프의 표현은 소위 워싱턴 '관료주의'를 축소하겠다는 로널드 레이건의 언급도 상기시켰다. 그런데 지난 세기가 시작될 무렵, 나폴레옹 보나파르트 브로워드라는 민주당 정치인은 트럼프와 똑같지만 은유의 의미가 훨씬 더 옅은 구호를 외치며 선거에서 승리했다. 브로워드가 주지사로 당선된 주는 플로리다였다. 공교롭게도 팜비치에 트럼프의 자칭 '겨울 백악관'인 마라라고Mar-a-Lago 리조트를 품은 곳이다.

브로워드는 1857년에 플로리다 듀발카운티의 가족 플랜테이션 농장에서 태어났다. 그의 가문은 남북전쟁 이전에 노예를 부렸던 상류층이었다. 이 집안이 브로워드에게 거의 확실하게 물려준 소수의 유산 중 하나는 혐오스러운 인종 차별이었다. 남부연합을 충성스럽게 지지한 브로워드 가문은 남북전쟁 때 북군이 농장을 약탈하고 노예를 해방하는 것을 지켜봐야 했다. 전쟁이 끝난 후에는 그나마 남은 것도 거의 다 팔고 재정을 안정적으

위: 에버글레이즈의 이국적인 동물 가운데 사슴과 홍학을 보여주는 1860년 판화.

로 유지하기 위해 분투했다. 기울어진 집안 형편에 학비를 감당할 수 없었기 때문에 어린 브로워드는 집에 남아서 농사일을 거들었다. 그가 훗날 회상했듯이, 감자와 사탕수수 농사는 자주 실패했다.

브로워드는 열두 살에 부모를 모두 잃고 더 큰 시련에 맞닥뜨렸다. 오랫동안 병을 앓았던 어머니가 스스로 목숨을 끊었다. 남군 대위였던 아버지는 술독에 빠져 지내다 폐렴에 걸려 세상을 떠났다. 아내의 묘지를 밤새도록 지킨 지 얼마 지나지 않아서였다. 불행은 여기서 끝나지 않았다. 브로워드의 첫 아내는 아이를 낳다가 목숨을 잃었고, 얼마 후 갓 태어난 딸도 숨졌다. 심지어 당시 브로워드는 별 가치도 없고 전망도 어두운 농지를 둘러싼 송사에 휘말리기까지 했다. 그는 오렌지 과수원을 가꾸고 통나무를 엮어 나르며 돈을 벌다가 마침내 세인트존스강 증기선의 갑판원이라는 천직을 찾았다.

브로워드는 서른 즈음에 예인선을 소유하고 번창하는 사업

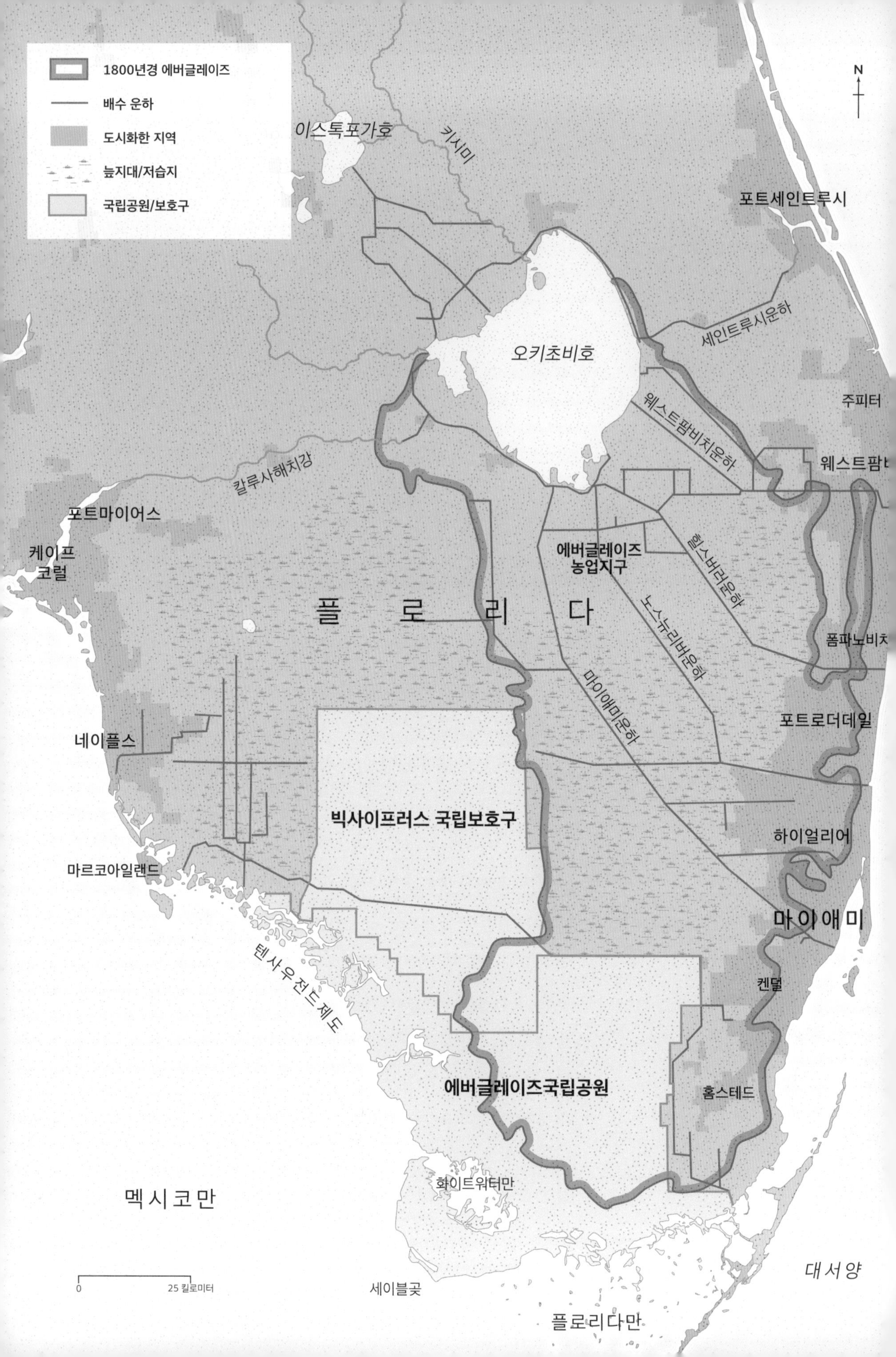
1800년경 에버글레이즈
배수 운하
도시화한 지역
늪지대/저습지
국립공원/보호구
N
이스톡포가호
키시미
포트세인트루시
오키초비호
세인트루시운하
주피터
웨스트팜비치운하
웨스트팜
칼루사해치강
포트마이어스
케이프
코럴
에버글레이즈
농업지구
힐스버러운하
노스뉴리버운하
플 로 리 다
폼파노비치
마이애미운하
포트로더데일
네이플스
빅사이프러스 국립보호구
하이얼리어
마르코아일랜드
마이애미
텐사우전드제도
켄덜
에버글레이즈국립공원
홈스테드
화이트워터만
멕시코만
대서양
0
25 킬로미터
세이블곶
플로리다만

가가 되었다. 난파선 구조 및 인양, 조선, 벌채, 준설, 인산염 채굴 등 사업 영역도 끝없이 넓혔다. 1.9미터나 되는 장신에 흠잡을 데 없이 깔끔하게 손질한 무성한 팔자 콧수염을 뽐내는 그는 존재감이 대단했다. 더욱이 그는 정직한 사업 거래와 소탈한 성격, 핵심을 찌르는 말솜씨 덕분에 크게 사랑받았다. 강을 오가는 자신의 배에서 주류 판매를 거부한 일로 존경받기까지 했다. 브로워드는 잭슨빌Jacksonville의 보안관으로 공직에 처음 진출했고, 부패와 도박, 권투 경기 같은 볼썽사나운 대중 스포츠 대회에 맞서 십자군을 이끌었다. 1898년 미국-스페인 전쟁 때는 자신의 해상 예인선 스리프렌즈호Three Friends를 활용해 미국이 지원하는 쿠바의 반스페인 반란군에게 무기를 원조하고 전국적 명성을 얻었다. 마침내 그는 1904년에 고향 플로리다의 주지사직을 목표로 삼았다.

브로워드는 선거 공약을 발판 삼아 최종 승리를 거두었다. 그가 환심을 사려고 한 평범한 유권자들이 가장 좋아한 공약은 '역병이 우글거리는 늪'에서 마지막 물 한 방울까지 다 빼내고 '에버글레이즈제국'을 세우겠다는 약속이었다.

'풀의 강'이라는 애정 어린 별명으로 불리는 에버글레이즈는 거대한 습지대다. 한때 완전히 물에 잠겨 있던 이곳은 몇백 년이 지나면서 물 밖으로 드러났다. 지금은 빗물과 강물이 흘러드는 감조 습지와 맹그로브 습지, 늪과 호수, 활엽수가 빼곡한 고지대로 구성되어 있다. 면적이 거의 1만 2140제곱킬로미터에 달하는 에버글레이즈는 현대 도시 올랜도Orlando 바로 남쪽에서 시작해 오키초비호Lake Okeechobee를 거쳐 플로리다반도의 남단까지 이어진다. 이곳을 처음 포괄적으로 조사하고 측량한 이는 육군 장관이자 장차 남부연합의 (유일한) 대통령이 될 제퍼슨 데이비스였다. 1856년에는 '데이비스 지도'도 출간되었다.

에버글레이즈 일부를 배수하는 사업은 사실 브로워드의 전임자인 윌리엄 셔먼 제닝스가 먼저 시작했다. 하지만 이 사업을 적극적으로 추진한 사람은 브로워드였다. 사람들이 흠뻑 젖은 너른 땅에 새로운 농지를 건설하겠다는 그의 꿈을 의심하자, 그는 단호하게 응수했다. "물론, 에버글레이즈는 늪이오. 60년 전에는 시카고도 늪이었소."

내륙 배수 작업은 1906년에 시작되었다. 그런데 4년 후, 이제 막 상원의원 선거에서 승리한 브로워드가 겨우 51세로 세상을 떠났다. 하지만 그가 시작한 사업은 결국 에버글레이즈의 면적을 절반으로 줄여버렸다. 1922년까지 〈마이애미 헤럴드Miami Herald〉에 플로리다의 새 땅 판매 광고가 어찌나 많이 실렸던지, 이 신문은 미국에서 종이 무게가 가장 무거운 신문이 되었다.

플로리다 남부의 급속한 도시화와 공업 팽창은 보통 진보의 상징이자 번영의 전조로 여겨졌다. 주를 십자로 가로지르는 2900킬로미터짜리 운하와 댐에 새로운 고속도로까지 보태졌다. 이곳의 강인한 농민들은 소규모 농장주와 과학적인 농업 전문가, 약삭빠른 투기꾼, 한몫 잡으려고 몰려든 미심쩍은 뜨내기들로 바뀌었다. 세월이 더 흐르고는 공장식 채소 재배 회사와 과일 통조림 제조사, 부동산 개발업자, 테마파크 설계가, 햇빛을 찾아온 관광객과 은퇴자 들이 그 자리를 차지했다. 그런데 1920년대부터 몇몇 사람이 습지의 고갈에 대해 목소리를 드높이기 시작했다.

1928년, 조경사이자 정원사인 어니스트 F. 코가 에버글레이즈 일부를 국립공원으로 지정해서 보존해야 한다고 주장했다. 그는 3년 전에 마이애미 코코넛그로브Coconut Grove에 정착하며 에버글레이즈의 풍요로운 야생에 마음을 빼앗겼다. 지주들은 반대하고 나섰고, 국립공원이 더 큰 공동체에 이로우리라는 사실을 알아보지 못했던 주 공무원들은 무관심했다. 그러나 코의 제안은 마침내 받아들여졌다. 1934년, 루스벨트 대통령이 에버글레이즈국립공원 법안에 서명했다. 하지만 13년이 더 지난 뒤에야 배상 요구가 전부 합의에 이르렀고, 국립공원의 정확한 경계가 정해졌다.

1947년, 트루먼 대통령이 에버글레이즈국립공원을 공식 개

아래: 플로리다 에버글레이즈의 취약한 생태계는 점점 침입해 들어오는 바닷물과 날로 늘어가는 농업 활동에 위협받고 있다.

관했다. 트루먼은 에버글레이즈에 "하늘을 찌를 듯한 높은 봉우리"나 "장엄한 빙하, 쏜살같은 급류"는 없지만, "고요한 아름다움" 속에 평온함이 깃들어 있다고 언급했다. 더불어 이 땅은 "물이 솟아나는 곳이 아니라 물을 마지막으로 받아들이는 곳"이라고 덧붙였다. 에버글레이즈국립공원의 면적은 6000제곱킬로미터에 이른다. 이곳은 미국에서 '생물학적 경이'에 근거해 설립된 최초의 국립공원이다. 하지만 국립공원이 건설되고 20년 동안 플로리다퓨마나 달팽이솔개, 세이블곶해안참새 같은 토착종이 연방 정부의 멸종위기종 목록에 올랐다.

설상가상으로 아메리카악어도 멸종위기 목록에 합류했다.

1970년대 중반, 플로리다만 지역에 서식하는 아메리카악어의 개체 수는 겨우 200마리로 추정되었다. 이후 수십 년 동안 동식물 보존은 주요 정치 사안이 되었다. 정부는 에버글레이즈가 과거의 자연 상태를 회복하도록 꾸준히 노력했다. 그러나 이곳의 상태는 더는 손 쓸 수 없는 지경까지는 아니어도 심각하게 악화하고 있다. 에버글레이즈는 플로리다주 전체의 취약성을 반영한다. 최근 몇 년 동안 허리케인의 빈도와 강도가 증가하고 있고, 내륙 홍수도 끈질기게 반복되고 있다. 금세기 말까지 해수면이 1.5미터 상승할 것으로 예측된다. 마이애미 도시 전체와 마이애미 메트로폴리탄 지역의 최대 100만 가구가 파도 아래 사라질 수도 있다.

에버글레이즈로 바닷물이 침입해 들어오면서 늪지가 후퇴하고 있다. 바닷물은 습지대 전체를 집어삼킬 기세다. 바닷물이 섞인 담수에서 맹그로브가 자라는 숲은 다양한 생명체의 보금자리지만, 이 숲도 해마다 30미터 정도 내륙으로 밀려나고 있다. 넘실거리는 바닷물을 피해 습지와 맹그로브숲이 달아나는 상황은 '죽음의 행진'이라고 불린다. 취약한 생태계는 수십 년 전부터 이곳의 물에 스며든 농업용 비료에도 공격받고 있다. 외래 동식물종도 대거 침입했다. 가장 치명적인 외래종은 작은잎브러시나무다. 빠르게 자라는 호주 토착종인 이 식물은 1900년대 초 플로리다 남부에 도입되었고, 습지를 바싹 말리는 데 도움이 되어서 대량으로 심어졌다. 나무는 들불처럼 퍼졌다. 작은잎브러시나무 덤불은 참억새류가 자라던 습지와 축축한 초원을 독차지했고, 자생 식물을 질식시켜 죽였다.

브라질고추나무도 큰 피해를 줬다. 남미의 관상용 관목인 브라질고추나무는 1950년대에 처음 북아메리카에 수입되어서 교외의 정원에 이국적이고 화려한 분위기를 더해주었다. 제2차 세계대전 이후 미국 주부들에게 이 나무는 브라질 보사노바 음악만큼이나 매력적이었다. 그런데 브라질고추나무도 작은잎브러시나무만큼 공격적이었다. 버마왕뱀도 마찬가지였다. 뱀은 아

마 애완용으로 길러지다가 버려졌거나 도망쳤을 것이다. 1980년대부터 버마왕뱀은 에버글레이즈에서 성공적으로 번식했고, 강과 늪, 호수 일대의 포유류 새끼와 조류, 악어를 잡아먹는 주요 포식자가 되었다. 멸종위기 동물 대다수에게 이미 절망적일 만큼 위태로웠던 먹이사슬이 다시 한번 요동쳤다. 지금 에버글레이즈는 절멸 직전에서 비틀거리고 있다. 과감한 행동만이, 그리고 늪을 청소하기보다는 용감하게 보호하려는 정치인만이 에버글레이즈를 되살릴 수 있을 것이다.

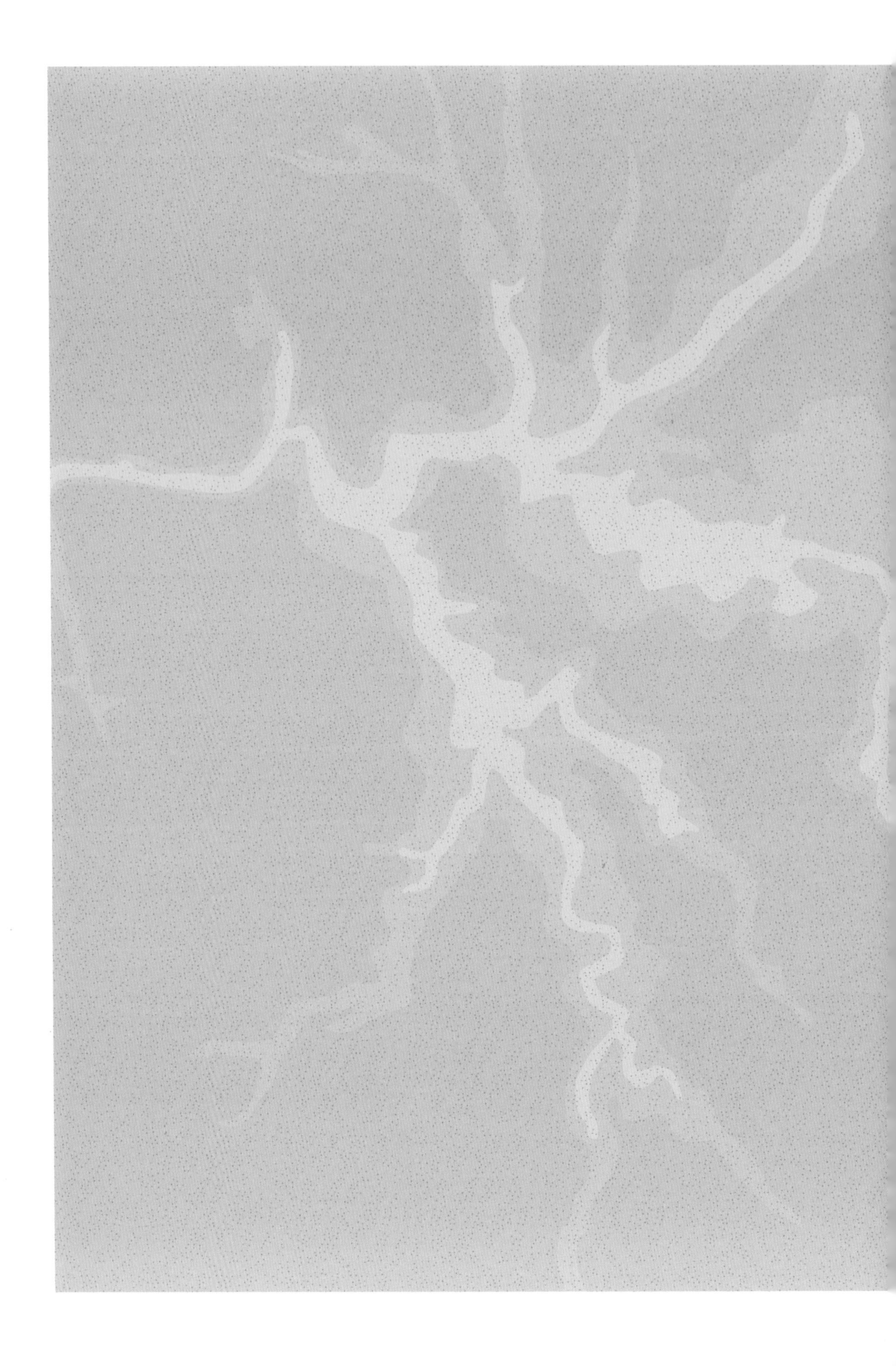

위협받는 세계

THREATENED WORLDS

글레이셔국립공원

미국

북위 48° 44' 48.7" / 서경 113° 47' 14.4"

1864년 남북전쟁이 한창일 때 에이브러햄 링컨 대통령은 요세미티 양도법Yosemite Grant Act에 서명했다. 이 법안은 아름다운 야생 지역(캘리포니아의 요세미티)을 보존해서 대중이 향유하도록 하는 미국 최초의 정부 법률이었다. 아울러 요세미티 양도법은 미국에 장차 국립공원이 만들어질 길을 닦았다. 같은 해, 미국은 몇 년 전에 분리 독립한 남부 주들에 대응해서 몬태나준주를 설립하고 네바다와 애리조나, 아이다호 같은 다른 서부 지역과 함께 미국연방으로 받아들였다. 물론 몬태나는 1886년에야 정식 주로 승격되었다. 그러나 몬태나는 얼마나 멋진 주였던가! 서쪽의 로키산맥에서 뻗어 나와 동쪽의 대평원까지 탁 트여 있고 남쪽에 옐로스톤국립공원을 둔 몬태나는 서로 대조를 이루는 풍경으로 가득하다. 눈 덮인 높은 산봉우리와 깊은 계곡, 푸르른 숲과 맑은 호수부터 짤막한 풀이 우거진 광활한 평원과 황금빛 곡식이 넘실거리는 들판, 흙먼지 자욱한 갈색 휴경지까지 두루 갖추었다.

로키산맥에 자리 잡고 캐나다와 국경을 맞댄 몬태나주 북서부는 좁은 계곡이다. 꼭대기에 얼음이 잔뜩 낀 이 계곡은 극도로 거친 아름다움을 자랑한다. 블랙피트Blackfeet 원주민 부족은 이곳을 '세상의 등뼈'라고 불렀고, 1890년대에 기자 조지 그리넬은 '아메리카 대륙의 왕관'이라는 별명을 붙였다. 세상에 이 계곡의 경이로움을 널리 알린 사람이 바로 그리넬이다. 그는 기사에서 이곳의 찬란한 아름다움을 극찬했다. 더욱이 이 지역 일부를 국립공원으로 지정해야 한다고 처음 제안한 인물도 그리넬이었다.

위: 2016년의 그리넬빙하. 1966년부터 2015년 사이에 그리넬빙하의 규모는 45퍼센트 줄었다.

몬태나주 하원의원인 찰스 N. 프레이가 그리넬의 제안에 정치적 힘을 실어주었다. 마침내 1910년 5월 11일, 글레이셔국립공원이 탄생했다. 공원은 1932년에 국경 너머 캐나다의 워터턴레이크국립공원과 공식 자매결연을 맺고 최초의 '국제평화공원'이 되었다.

글레이셔국립공원은 면적이 4144제곱킬로미터나 된다. 산맥을 두 개나 품고 있으며, 그 안에 해발 3000미터가 넘는 봉우리 여섯 곳과 호수 130군데가 있다. 이곳에서 살아가는 식물 1000여 종과 동물 100여 종 가운데는 회색곰과 산양, 난쟁이땃쥐, 엘크, 큰뿔야생양이 있다. 공원의 이름이 알려주듯이, 빙하는 당연히 국립공원에서 가장 두드러진 요소다('글레이셔'는 빙하를 뜻한다—옮긴이). 아니, 더 정확하게 말하자면 과거에는 그랬다.

260만 년 전 플라이스토세에 지구 대부분은 빙하로 덮여 있었다. 이 마지막 빙하기의 얼어붙을 듯한 기후 환경에서 북반구의 해수면은 90미터 넘게 낮아졌다. 오늘날 몬태나주와 로키산

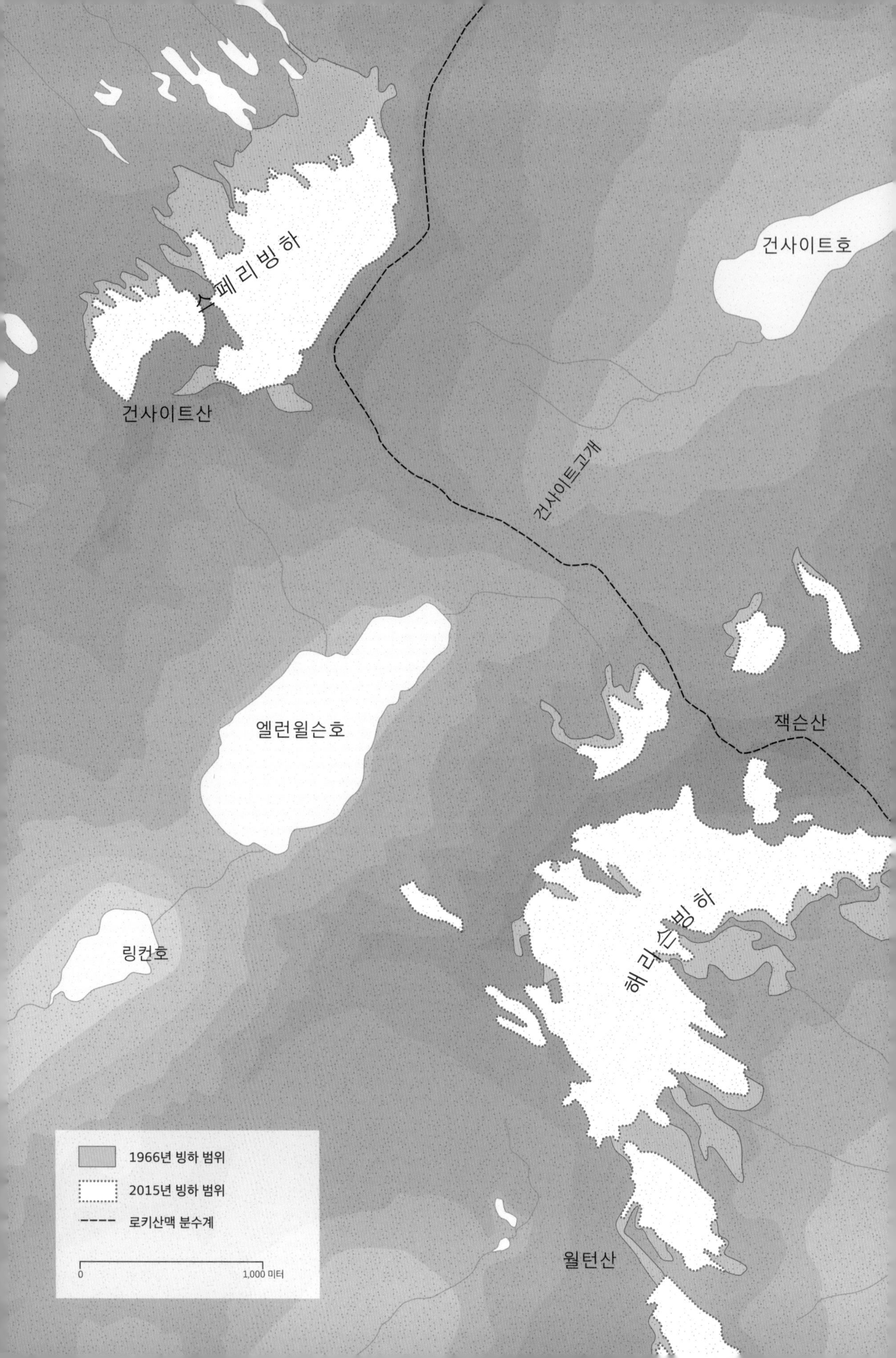

스페리 빙하
건사이트호
건사이트산
건사이트고개
잭슨산
엘런윌슨호
링컨호
해리슨 빙하
월턴산
1966년 빙하 범위
2015년 빙하 범위
로키산맥 분수계
0
1,000 미터

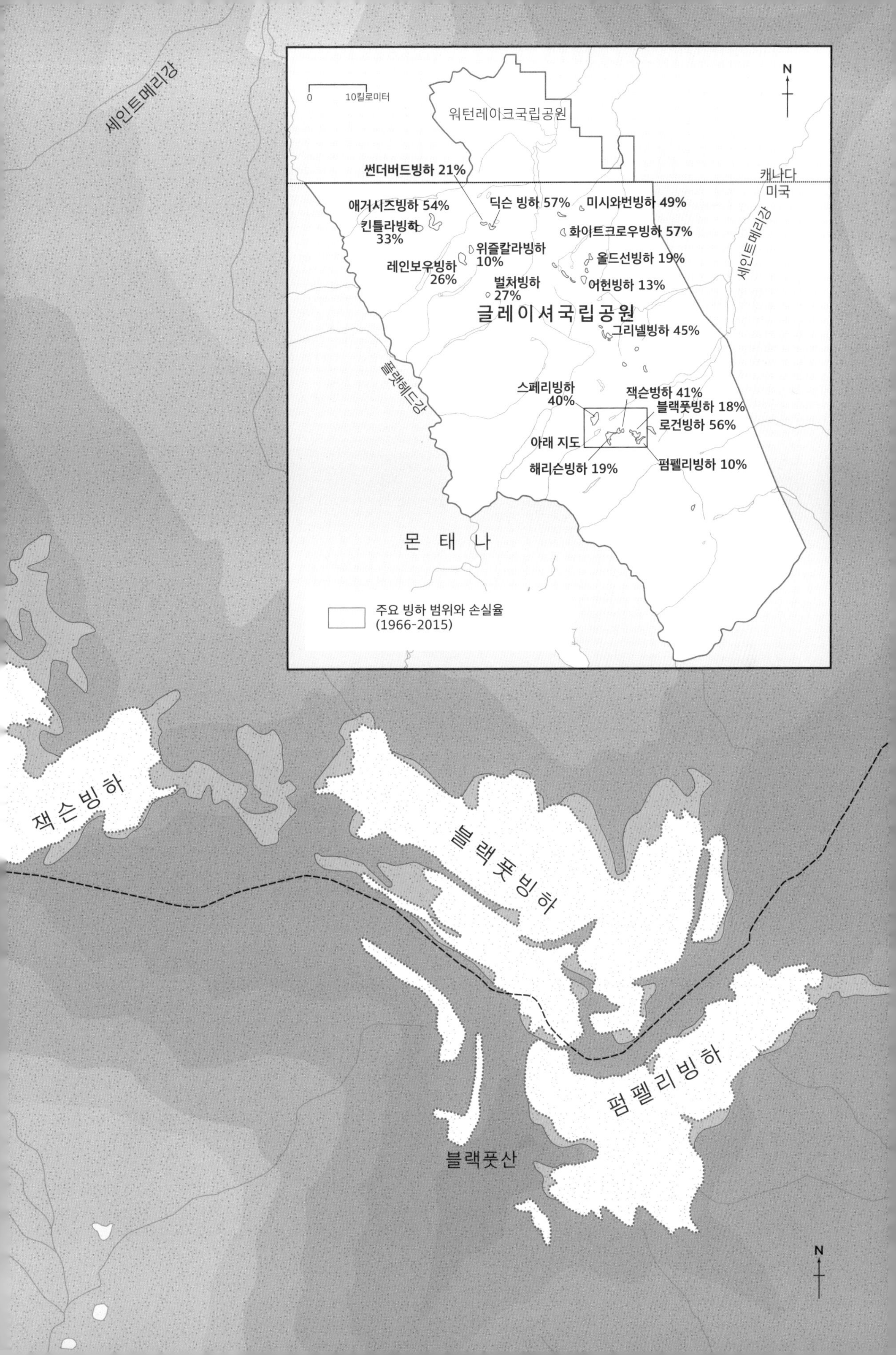

세인트메리강
0 10킬로미터
N
워턴레이크국립공원
썬더버드빙하 21%
캐나다
미국
애거시즈빙하 54%
딕슨 빙하 57%
미시와번빙하 49%
킨틀라빙하 33%
화이트크로우빙하 57%
위즐칼라빙하 10%
레인보우빙하 26%
올드선빙하 19%
어헌빙하 13%
벌처빙하 27%
세인트메리강
글레이셔국립공원
그리넬빙하 45%
플랫헤드강
스페리빙하 40%
잭슨빙하 41%
블랙풋빙하 18%
로건빙하 56%
아래 지도
해리슨빙하 19%
펌펠리빙하 10%
몬태나
주요 빙하 범위와 손실율 (1966-2015)
잭슨빙하
블랙풋빙하
펌펠리빙하
블랙풋산
N

맥이 있는 지역은 두께가 1.6킬로미터나 되는 얼음으로 덮여 있었을 것이다. 그런데 대략 1만 2000년 전부터 대해빙기가 시작되었다. 이 지역의 역동적 풍경은 융빙수의 흐름이 변하고 퇴적암이 노출된 결과다. 현재 국립공원에 남아 있는 빙하는 약 7000년 전의 것으로 추정된다. 얼음과 눈, 물, 바위 퇴적물이 뭉친 덩어리인 빙하는 겨울에 쌓인 눈과 얼음의 양이 봄여름에 녹는 양보다 많을 때 형성된다. 국립공원의 역사를 조사해보면, 1850년에는 빙하가 150개 있었다. 현재는 37개뿐이며, 이 가운데 겨우 25개에서만 빙하 형성 작용이 일어나고 있다. 글레이셔국립공원의 빙하는 지난 세기 동안 전체 크기의 85퍼센트를 잃었다.

빙하는 언제나 어느 정도 줄어들고 늘어나고를 반복한다. 하지만 미국지질연구소US Geological Survey가 1980년대에 글레이셔국립공원의 빙하에서 '지속적 후퇴 양상'을 확인했다. 더 최근의 연구 결과, 1966년부터 2005년까지 해리슨빙하와 젬빙하, 스페리빙하의 줄어드는 속도가 상당히 빨라졌다. 이 기간에 스페리빙하는 원래 질량의 35퍼센트를 잃었다. 이전에는 오로지 단단한 얼음만 있던 곳에 담수호와 빙퇴석이 나타났다. 무엇이 원인인지는 쉽게 알 수 있지만, 이 원인을 해결할 방법은 거의 없다. 몬태나주의 기온 상승치는 전 세계 평균의 두 배에 가깝다. 겨울이 과거보다 더 따뜻해져서 요즘 로키산맥에는 눈보다 비가 더 많이 내린다. 눈이 내리더라도 따뜻한 봄 날씨가 점점 더 일찍 찾아오며 눈과 얼음이 더 빨리 녹는다. 현재 상황이 바뀌지 않는다면, 글레이셔국립공원의 빙하는 2030년까지 모두 녹아 없어질 것이다. 한때 "아메리카 대륙에서 최고로 위안을 주는 풍경"으로 꼽혔던 경치도 함께 사라질 것이다.

왼쪽: 겨울이 점점 더 따뜻해지면서 글레이셔국립공원은 생존을 위협받고 있다.

치와와사막

멕시코·미국

북위 28° 58' 00.0" / 서경 105° 26' 06.0"

‘치와와Chihuahua’라는 이름은 ‘메마른 모래땅’를 가리키는 멕시코 나와틀족Nahuatl의 말에서 유래한 것으로 보인다(나중에는 몸집이 작고 털이 별로 없는 이 지역 품종 강아지의 이름이 되었다). 따라서 누구나 치와와사막이 꽤 황량한 곳이라고 생각할 것이다. 대개 사막은 생명(물과 나무, 사람)의 결핍이 가장 두드러지는 불모지가 아닌가. 더욱이 이곳은 북아메리카에서 가장 큰 사막이다. 하지만 가장 건조하고 척박한 사막이라도 눈에 잘 띄지 않는 생명체 군집을 품고 있다. 존 케이지가 그 유명한 피아노곡 〈4분 33초〉로 증명한 (진공 바깥의) 고요함처럼, 사막은 생명으로 가득 차서 시끌벅적하다.

치와와사막은 애리조나에서 시작해 텍사스 남서부와 미국-멕시코 국경을 가로질러 멕시코 내부로 깊숙하게 뻗어 있다. 면적은 무려 36만 2600제곱킬로미터에 이른다. 이곳은 전 세계 사막 가운데 생물 다양성 3위에 올랐다. 몹시 건조해서 어떤 생명체에게든 위험천만한 지대도 있지만, 뜻밖에도 대단히 아름다운 초원도 있기 때문이다. 초원은 하늘로 비상하는 맹금류와 밤색목긴발톱멧새, 재빠르게 달리는 가지뿔영양 따위에게 삶의 터전이 되어준다. 사막 지대와 온천 습지대를 유유히 가로지르며 홀리메스송사리 등을 먹여 살리는 강과 개울도 있다. 저 멀리 고립된 산꼭대기 곳곳에서는 고개를 빳빳하게 치켜든 폰데로사소나무와 단풍나무를 찾아볼 수 있다. 사막 분지의 밑바닥에는 크레오소트 관목과 유카, 선인장, 다육식물이 수두룩하다. 특히 다육식물은 서로 다른 토착 품종이 300종 넘는다.

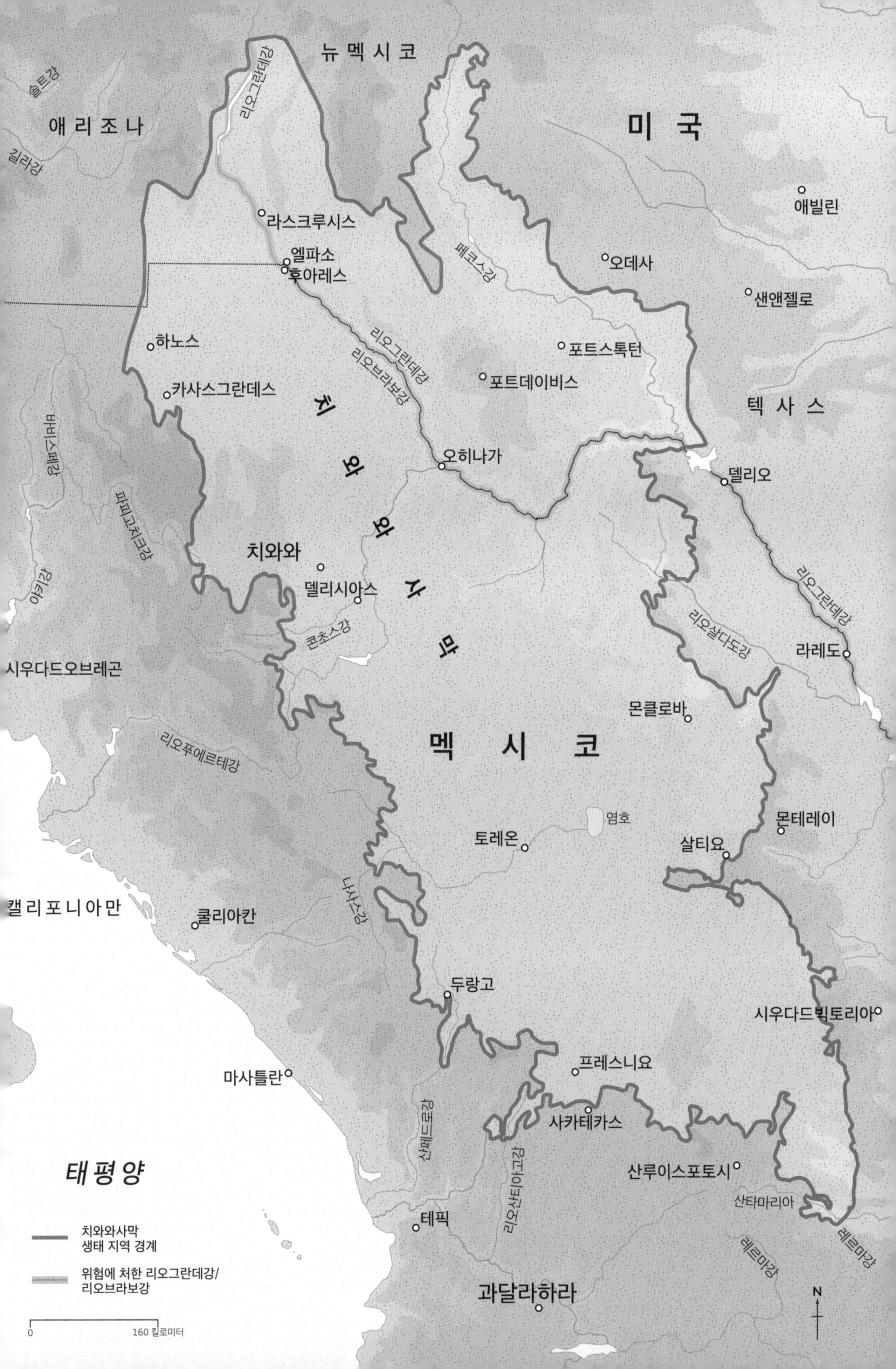

뉴멕시코
애리조나
미국
텍사스
솔트강
길라강
리오그란데강
라스크루시스
엘파소
후아레스
페코스강
오데사
애빌린
샌앤젤로
하노스
포트스톡턴
포트데이비스
리오그란데강
리오브라보강
카사스그란데스
치와와사막
오히나가
델리오
바비스페강
파피고치크강
야키강
치와와
델리시아스
콘초스강
리오살다도강
리오그란데강
라레도
시우다드오브레곤
몬클로바
멕시코
리오푸에르테강
염호
몬테레이
토레온
살티요
나사스강
캘리포니아만
쿨리아칸
두랑고
시우다드빅토리아
프레스니요
마사틀란
산페드로강
사카테카스
리오산티아고강
태평양
산루이스포토시
산타마리아
치와와사막 생태 지역 경계
위험에 처한 리오그란데강/리오브라보강
테픽
레르마강
레르마강
과달라하라
0
160 킬로미터
N

치와와사막의 생태계를 지탱하는 근원은 리오그란데강이다(멕시코에서는 리오브라보Rio Bravo라고 불린다). 미국과 멕시코 사이에서 흐르는 이 큰 강은 콜로라도에서 발원하여 멕시코만으로 흘러 들어간다. 치와와사막에서 리오그란데강은 일부 지하수 및 간절한 여름철 비와 더불어 주요 수자원이다.

그런데 이 일대에서 점점 늘어나는 인구의 물 수요를 맞추려고 귀중한 강의 물길을 돌리는 바람에 자연환경이 심각한 타격을 받았다. 게다가 물을 많이 먹는 알팔파와 피칸, 목화 등 환금작물을 키우는 사막 농장들도 들어섰다. 목초지를 농지로 바꾸고 가축을 지나치게 많이 방목한 탓에 토양 침식도 일어나서 야생동물의 보금자리와 식량이 사라지고 있다. 기온이 끝없이 상승하면서 빗물이든 저수지의 물이든 귀한 물이 증발하고 있다. 이대로 손 놓고 있다면 치와와사막은 우리가 생각하는 전형적인 황량한 땅이 되고 말 것이다.

오른쪽: 2010년, 뉴멕시코주 샌안토니오 근처 치와와사막의 리오그란데강/리오브라보강의 바닥이 완전히 말라버렸다.

아래: 미국 텍사스주의 멕시코 국경 지역 내 협곡에서 흐르는 리오그란데강/리오브라보강.

팀북투

말리

북위 16° 46' 23.3" / 서경 3° 00' 31.2"

《옥스퍼드영어사전》은 '팀북투'가 '말리 북부의 마을'이라고 알려준다. 또한, 이 지명이 '외딴 장소나 머나먼 곳을 가리키는 데 쓰인다'라고도 설명한다. "고함이 너무 커서 팀북투에서도 들리겠다"는 예문이 이 의미를 잘 보여준다.

팀북투가 벽지라는 이미지를 얻은 것은 1830년대였다. 유럽 여행객은 그제야 사하라 남단의 이 으스스한 소도시에 발을 들여놓을 수 있었다. 팀북투는 아득히 먼 곳이라는 평판을 얻었을 뿐만 아니라, 빅토리아 시대 대중에게 이국적이고 낭만적인 별세계로 각인되었다. 시인 앨프리드 테니슨 경은 시에서 팀북투(당시의 철자로 'Timbuctoo'라고 썼다)가 "신비롭고" "불가해하다"라고 표현했다. 더불어 이 도시는 사라진 아틀란티스와 신화 속 황금도시 엘도라도와 비견될 만하다고 경의를 표했다.

투아레그Tuareg 유목민이 1100년경에 건설한 팀북투는 한때 세상의 구석이 아니라 중심이었다. 서아프리카와 사하라사막 횡단 무역로가 교차하는 지점에 자리 잡은 팀북투는 활발한 소금·향신료·금·노예 무역으로 부를 쌓았고, 일대에서 가장 부유한 도시로 발돋움했다. 팀북투는 상업을 기반으로 삼은 도시였지만, 여러 대학과 도서관을 갖춘 배움의 터전이기도 했다. 이 도서관들은 양피지와 나무껍질, 그을린 영양 가죽에 작성된 극히 진귀한 필사본을 소장했다. 이 문서들은 흰개미 떼와 수상쩍은 희귀 서적상의 관심을 떨쳐내고 현지 개인의 소장품으로 살아남았다.

14세기에 팀북투는 아프리카 전역에 이슬람을 전파하는 진정한 지적·영적 중심지가 되었다. 팀북투에서 가장 오래되고 가장 중요한 이슬람 사원인 징게레베르Djingareyber 모스크와 규모가 더 작은 상코레Sankore 모스크, 시디야히아Sidi Yahia 모스크도 이 당시에 건설되었다. 모스크는 평화 사절로도 알려진 이슬람 학자들의 본거지이기도 했다.

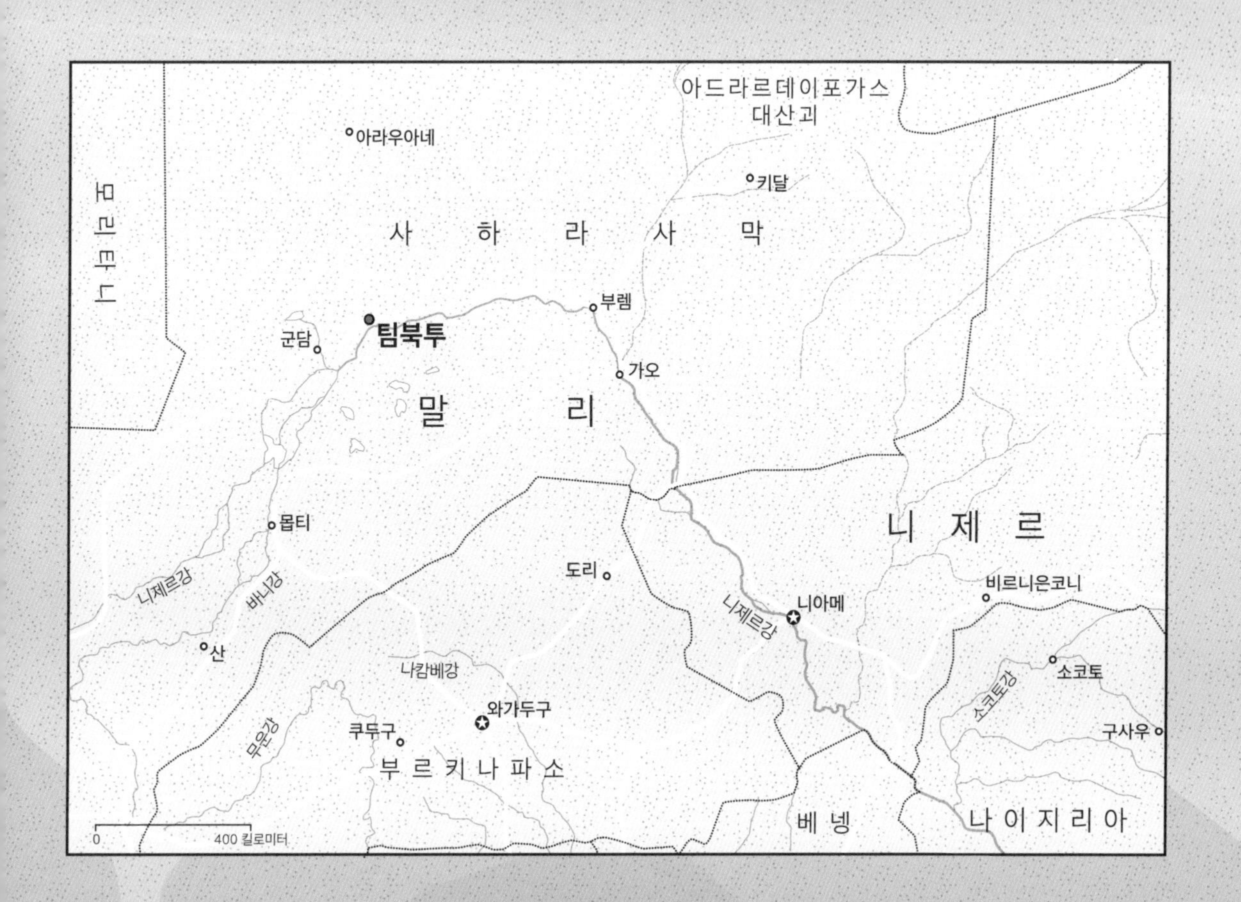

아드라르데이포가스
대산괴
아라우아네
키달
모리타니
사 하 라 사 막
부렘
팀북투
군담
가오
말 리
니 제 르
몹티
도리
니제르강
바니강
니아메
비르니은코니
산
나캄베강
소코토
소코토강
와가두구
무운강
쿠두구
구사우
부 르 키 나 파 소
베 넹
나 이 지 리 아
0
400 킬로미터

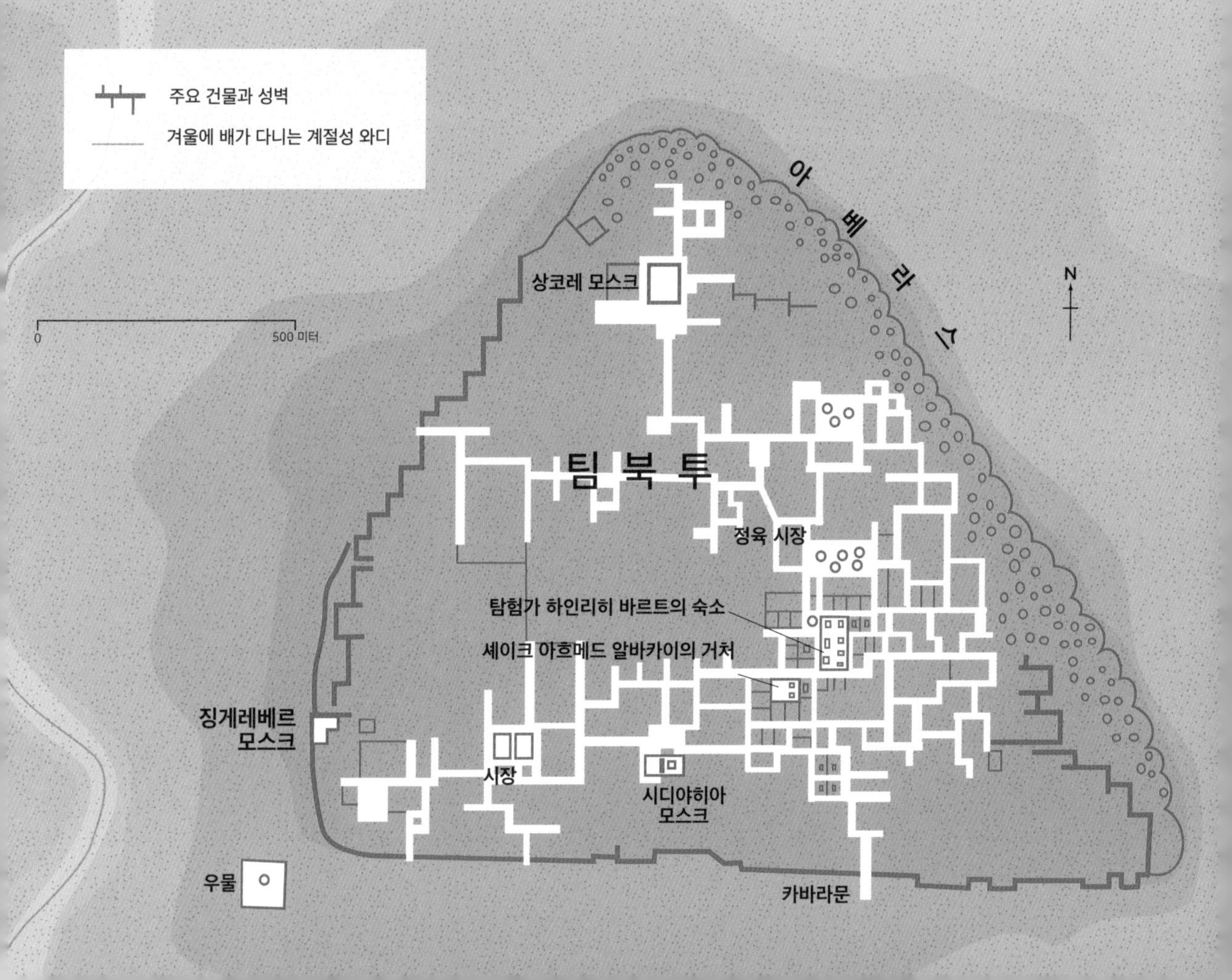

주요 건물과 성벽
겨울에 배가 다니는 계절성 와디
아 베 라 스
상코레 모스크
N
0
500 미터
팀 북 투
정육 시장
탐험가 하인리히 바르트의 숙소
셰이크 아흐메드 알바카이의 거처
징게레베르
모스크
시장
시디야히아
모스크
우물
카바라문

콘크리트는 최근에야 도입되었기 때문에 팀북투의 거의 모든 건물과 모스크는 현지 토양으로만 지어졌다. 가장 중요한 건축 자재는 진흙에 왕겨를 섞어서 반죽하고 햇빛에 말린 벽돌 방코banco였다. 벽돌을 쌓은 후에는 젖은 진흙 반죽을 회반죽처럼 덧발라서 마무리하고, 목재로 구조 전체를 보강했다. 징게레베르 모스크는 도시 중심부에 우뚝 서 있다. 톱니처럼 들쭉날쭉한 작은 탑들을 거느린 모스크는 장엄하고 초현실적인 모래성처럼 보인다. 짤막한 막대가 고슴도치 가시처럼 뾰족뾰족하게 튀어나온 미나렛minaret은 꼭 만화 속 원시인의 커다란 곤봉 같다.

흙으로 지어 올린 모스크들은 지어지자마자 사하라사막의 바람에 닳고 빗물에 약해지기 시작했다. 건물은 끊임없이 수리하고 진흙 반죽을 덧발라야만 살아남을 수 있었다. 팀북투는 수 세기 동안 해마다 모스크를 수리했다. 일주일간 이어지는 수리 작업은 중대한 종교적 의미와 사회적 가치가 가득 스며든 의식이었다. 하지만 이런 노력도 건축물의 쇠락을 막을 수는 없었다. 징게레베르 모스크는 야자나무와 진흙으로 만든 지붕이 무너질 위험에 빠졌고, 결국 1988년 유네스코의 '위험에 처한 건축물' 목록에 올랐다.

위: 낙타를 타고 팀북투에 도착한 19세기 여행자의 모습.

왼쪽: 복원된 징게레베르 모스크.

거의 20년 후, 이스마일파(이슬람교 시아파의 한 분파—옮긴이) 이슬람교도 디아스포라의 영적 지도자인 아가 한Aga Khan이 설립한 신탁 자선단체가 징게레베르 모스크를 대대적으로 복원하는 데 재정을 지원했다. 모스크가 진정한 본모습을 잃을까 봐 걱정하며 복원을 비판하는 이들도 있었다. 하지만 복원 사업은 한동안 건축물의 퇴락을 막아냈다.

그런데 슬프게도 한층 더 심각한 문제가 나타났다. 2012년, 팀북투가 이슬람 무장 단체 알카에다와 안사르디네에 점령당한 것이다. 테러 조직은 말리의 고대 이슬람 도시를 이단으로 여겼다. 안사르디네의 전투원들은 팀북투의 영묘 여덟 곳과 시디야히아 모스크의 문을 부쉈다. 나중에 UN 평화유지군과 프랑스군이 도시 질서를 회복했지만, 도시 건축물은 근본주의자의 손에 파괴될 위험에서 벗어나지 못했다.

기후 조건도 건축물을 위협한다. 반세기 전에는 니제르강의 지류가 팀북투에 닿았지만, 지금은 10킬로미터 떨어진 곳까지 가야 강물을 볼 수 있다. 문의 들보와 구조 버팀목으로 썼던 팔미라야자는 이제 이 지역에서 자라지 않는다. 끝없이 건조해지는 이곳에서 매혹적인 건축물을 유지하려면 가나에서 견목을 수입해야만 한다.

스카라브레

영국

북위 9° 02' 55.4" / 서경 3° 20' 30.3"

오크니제도Orkney Islands는 그린란드에서 남쪽으로 고작 80킬로미터 떨어진 스코틀랜드 최북단에 있다. 이곳은 스코틀랜드 출신 역사학자 휴 마워의 말처럼 "하늘 아래 가장 지독한" 기후로 저주받았다. 어느 온라인 여행 안내서는 "오늘날에도 오크니제도를 드나드는 일은 날씨에 좌우된다"라고 설명한다. 현대 인공위성 기술이 도래하기 전에는 안개 때문에 비행기와 배가 며칠 동안이나 섬에 접근하지 못할 수도 있었다. 실제로 자주 그랬다. 오크니제도 방문을 가로막는 가장 골치 아픈 장애물이자 선박의 운항을 가장 자주 방해하는 요소는 예나 지금이나 거센 바람이다. 대서양에서 불어닥쳐 북해를 휩쓰는 강풍은 날씨가 험악한 몇 달 동안 이어진다. 이런 계절에는 해가 기껏해야 몇 시간만 보이고 섬들이 거의 완전한 어둠 속에 잠기는 경우도 드물지 않다. 겨울과 반대로 온종일 해가 지지 않으며 가장 온화한 6월 여름날에도 심심찮게 3등급이나 4등급쯤 되는 돌풍이 인다. 스코틀랜드 본토 스크랩스터Scrabster에서 두 시간 페리를 타고 오크니제도에 도착한 방문객이라면 매그너스 스펜스가 《오크니제도의 기후》(1908)에서 한 말에 동의할 것이다. "영국에서 바람의 강도와 빈도를 두고 오크니제도와 겨룰 만한 곳은 없다." 더욱이 오크니제도에는 나무가 거의 없어서 바람을 피할 만한 자연 은신처도 별로 없다. '그냥 서서 버틴다'라는 말로는 온몸으로 바람을 맞는 힘겨움을 제대로 표현하지 못한다.

오크니제도에서 가장 큰 메인랜드Mainland에서 선사 시대 정착지 유적을 처음 드러낸 주인공도 사실 바람이었다. 유적은 스카일만Bay of Skaill 해안의 모래 언덕 스카라브레(오크니제도에서는 '스케라브라Skerrabra'라고 불린다) 아래 수백 년 동안 완전히 파묻혀 있었다. 그런데 1850년 2월, 폭풍이 치던 어느 날 밤에 유적이 기나긴 단잠에서 깨어났다. 오크니제도의 서해안을 휩쓴 대서양의 격렬한 파도와 강한 바람에 모래톱이 무너지고, 모래 둔덕 위쪽의 잔디가 벗겨지고, 한때 단단한

대서양
노스로널지섬
샌데이섬
웨스트레이섬
루지섬
이데이섬
스트론지섬
오크니제도
스카라브레
메인랜드섬
셰핀지섬
스트롬니스
커크월
스캐파플로
호이
사우스로널지섬
북해
존오그로츠
0
16 킬로미터
대서양
제1 시기와 제2 시기
제2 시기
후기 증축
모래밭
배수로
배수관 유적
난로
제3 오두막
A 주요 통로
제4 오두막
석조 수반
제1 오두막
제5 오두막
난로
제10 오두막
제6 오두막
난로
제9 오두막
B 통로
C 통로
제2 오두막
D 통로
E 통로
제7 오두막
F 통로
제8 오두막
석재 포장 지역
0
5 미터

땅이 있었던 곳에 커다란 구멍이 숭숭 뚫렸다. 그때 신석기 거주지 일부가 얼굴을 쑥 내밀었다. 석기시대 과거가 증기 기관으로 움직이는 빅토리아 시대로 불쑥 튀어나온 순간이었다. 어쨌거나 전하는 이야기는 그렇다. 당시 기상 보고서를 보면, 유적이 드러났다는 날은 날씨가 특별히 험악하지는 않았던 것 같다. 갑작스러운 강풍과 험한 파도는 오크니제도에서 흔한 일이다. 어떤 이들은 이 고대 유적이 1850년보다 훨씬 이전에, 적어도 1769년에 발견되어서 잘 알려져 있었다고 주장한다.

폭풍 이야기의 진실이 무엇이든, 스카일 지역의 일곱 번째 지주인 윌리엄 그레이엄 와트가 1860년대에 발굴 사업을 시작했다. 어느 스카라브레 역사서에서 "악명이 자자하지만, 슬프게도 체계가 없는 골동품 수집가"라고 혹평받았던 제임스 패러가 작업을 이끌기도 했고, 더 철두철미한 조지 페트리가 발굴팀을 지휘한 적도 있었다. 오크니제도 출신의 고고학자인 페트리는 1867년에 스코틀랜드골동품협회에 스카라브레 유물에 관한 상세한 논문을 제출했다.

당시 스카라브레에서는 기원전 3200년에서 2000년 사이로 거슬러 올라가는 원형 거주지 네 군데가 발굴되었다. 서로 무리를 이룬 건물은 회반죽을 쓰지 않고 자연석으로만 지어졌으며, 깜짝 놀랄 만큼 가구를 잘 갖추었다. 침대와 의자, 선반, 난로 같은 세간은 대단히 잘 보존되어 있었다. 수많은 도구와 그릇, 목걸이, 펜던트 등도 건물처럼 돌로 만들어져 있었다.

스카라브레는 커다란 흥분을 자아냈고, 유적이 품은 "태곳적부터의 비밀"은 시로 지어지기까지 했다. 하지만 페트리의 시대 이후 유적을 향한 관심이 시든 듯하다. 공식적인 발굴 사업도 1920년대에야 비로소 재개되었다. 고고학계가 스카라브레에 다시 관심을 둔 계기는 이번에도 사나운 날씨였던 것 같다. 1925년, 유적이 파도와 바람에 유실되는 사태를 막고자 새로운 방파제가 건설되었다. 아울러 고고학자 비어 고든 차일드가 책임자로 임명되어 새로운 조사에 나섰다. 차일드는 거주지 네 군데를 추가로 발견하고, 유적지 촌락에 주택이 총 여덟 채라는 사실을 밝혀냈다.

차일드는 스카라브레 주민이 기원전 2000년경에 고향을 등진 이유가 무엇인지 알아내는 데 매혹되었다. 스카라브레 사람들은 돌로 근사하게 지은 집뿐만 아니라, 가장 귀중한 소유물도 대부분 남겨두고 떠나버렸다. 차일드는 주거지에 남은 가재도구가 "황급한 도주의 증거"라고 제안했다. 다른 사람들은 스카라브레

앞쪽: 스카라브레는 해안에 있기 때문에 바람과 바닷물에 취약하다.

아래: 원형 석조 거주지 가운데 하나.

주민이 서둘러 떠난 이유가 기상 재앙이었을 수도 있다고 주장했다. 먼 훗날 섬을 초토화하고 선사 시대 마을을 세상에 드러낸 폭풍만큼 맹렬한 폭풍이 찾아왔을지도 모른다. 그럴듯해 보이는 이론이지만, 현대 고고학자들은 별로 관심을 두지 않는다. 요즘에는 스카라브레 주민이 몇 년에 걸쳐 서서히 떠났을 것으로 추정한다. 아마 부족 사회가 발달하고 해안 침식으로 환경이 변했기 때문일 것이다. 스카라브레는 원래 내륙에 있었지만, 끝없이 철썩대는 바닷물이 그 앞의 땅을 모두 깎아버렸다.

어쨌거나 날씨는 스카라브레를 늘 위협한다. 수년 전 강풍은 순식간에 스카라브레 유적을 드러냈다. 이제는 기후 변화 탓에 점점 높아지는 해수면과 갈수록 격렬해지는 폭풍이 그만큼 빠르게 유적을 쓸어버릴 수도 있다.

야무나강

인도

북위 28° 39' 59.7" / 동경 77° 14' 16.3"

야무나강의 이름은 쌍둥이를 가리키는 산스크리트어 '야마yama'에서 유래했다. 이 어원은 야무나강이 더 유명한 원류 갠지스강과 나란히 흐르다가 마침내 서로 만난다는 사실을 잘 보여준다. 실제로 야무나강은 갠지스강의 가장 큰 지류다. 이 강은 우타르프라데시주 우타르카시Uttarkashi의 야무노트리빙하Yamunotri glacier에서 발원하여 알라하바드Allahabad까지 1370킬로미터를 흐른다. 16세기 무굴제국의 초대 황제 바부르가 "꿀보다 좋다"고 평가했던 야무나강의 강물은 수천 년 전부터 숭배받았다. 먼 과거에는 왕실 코끼리를 씻기고 더위를 식히는 데 사용되기도 했다. 오늘날에도 신앙심이 깊은 사람들은 종교적 의미를 담아 강에서 목욕하고 강물을 마신다. 물론 강에는 훨씬 더 세속적인 면도 있다. 야무나강은 6000만 명이 넘는 인도인의 주요 수자원이다.

야무나강은 강기슭을 따라 들어선 델리와 마투라, 아그라의 젖줄이었다. 무굴제국의 황제 샤 자한은 아그라에서 강물이 급격하게 굽이치는 곳에 인도에서 가장 유명한 건축물 타지마할을 지었다. 1987년, 강둑이 무너지며 대홍수가 일어나서 아그라 전체가 물에 잠길 뻔했다. 홍수는 일부 지역에서 여전히 골칫거리다(타지마할은 2003년과 2008년에도 심각하게 위협받았다). 하지만 오래전부터 야무나강에서 가장 긴급한 문제는 지독한 오염과 거의 매해 발생하는 가뭄이다. 이는 막대한 양의 강물을 산업 용수와 생활 용수로 사용하기 때문이다.

야무나강은 '세계에서 가장 더러운 강 중 하나'로 꼽힌다. 틀린 말도 아니다. 델리 인구는 1991년 이후 두 배로 늘어났다. 20

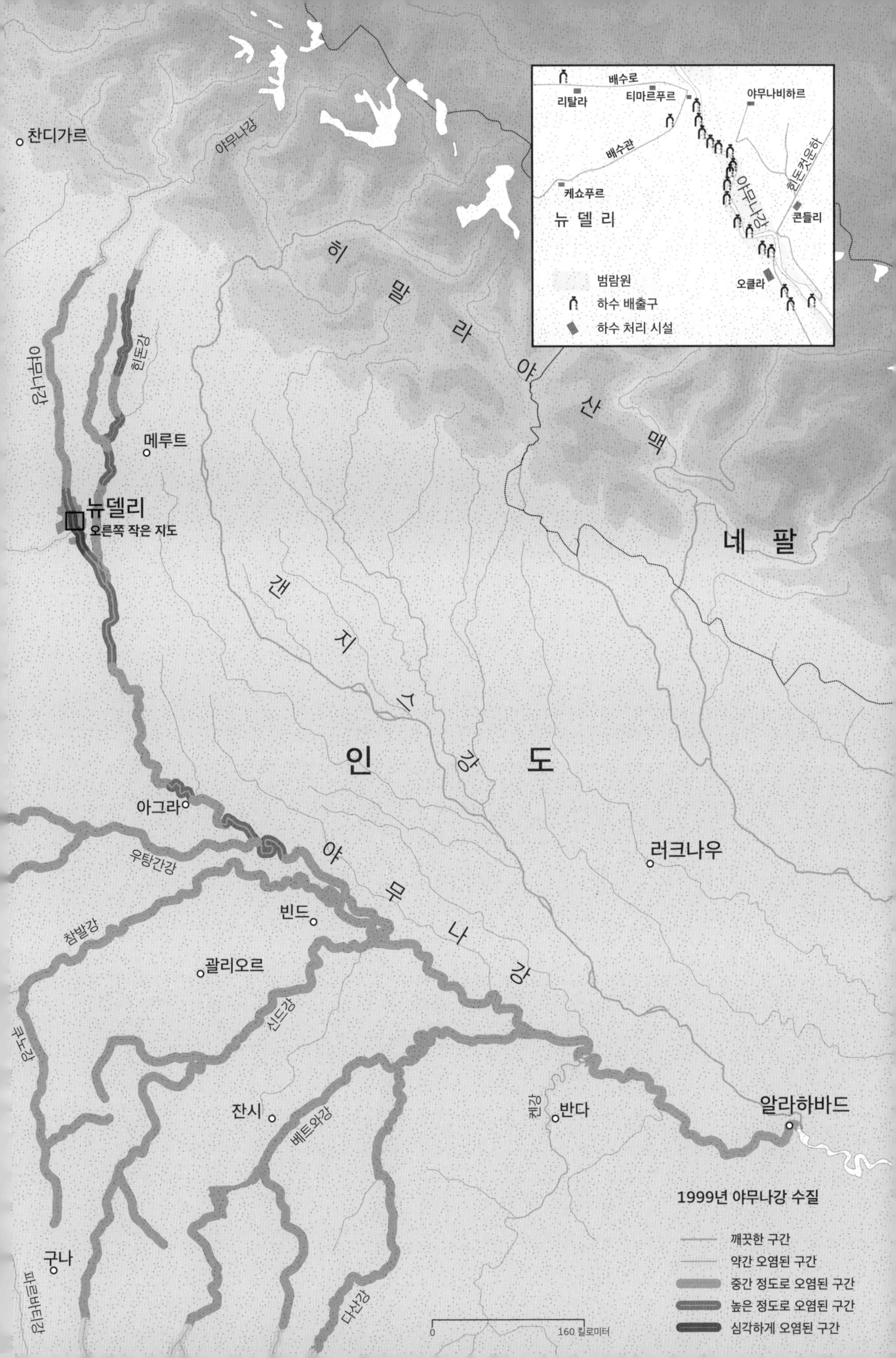

찬디가르
야무나강
히말라야 산맥
네팔
힌돈강
메루트
뉴델리
오른쪽 작은 지도
갠지스강
인도
아그라
우탕간강
아무나강
러크나우
빈드
참발강
괄리오르
신드강
쿠노강
잔시
베트와강
켄강
반다
알라하바드
궁나
파르바티강
다산강
0
160 킬로미터
1999년 야무나강 수질
깨끗한 구간
약간 오염된 구간
중간 정도로 오염된 구간
높은 정도로 오염된 구간
심각하게 오염된 구간
배수로
리탈라
티마르푸르
야무나비하르
배수관
케쇼푸르
뉴 델 리
힌돈컷운하
콘들리
오클라
범람원
하수 배출구
하수 처리 시설

개가 넘는 이곳의 하수 시설은 유독한 화학물질과 미처리 오수를 강으로 곧장 토해낸다. 델리의 변두리 지역인 와지라바드에서는 주요 하수구 하나가 날마다 오물 5억 갤런을 강에 쏟아낸다고 한다. 그리 멀지 않은 이웃 지역에서 강물은 플라스틱과 폴리에틸렌, 인근 신발 공장에서 버린 가죽 조각, 갖가지 쓰레기 더미에 질식당하고 있다. 아그라를 흐르는 야무나강도 깨끗함이나 신선함과는 거리가 멀다. 강물이 주변 대기 오염물질을 제대로 흡수하지 못하는 탓에 타지마할이 누렇게 변하고 있다. 강의 대다수 구간에서 산소 농도는 치명적인 수준인 0퍼센트로 떨어진다. 나렌드라 모디는 2014년에 총리직에 오르며 야무나강을 되살리겠다고 약속했다. 하지만 모디 정부의 수질 회복 노력보다는 변덕스럽고 강력했던 2018년 몬순 장마가 더 효과적이었다. 장마는 야무나강에 다시 산소를 공급하고 오염물을 싹 씻어 내렸다. 그 덕분에 야무나강은 "몇 년 만에 가장 건강한 상태"를 잠시나마 되찾았다. 그러나 우기가 끝나자 오염물질이 다시 증가했다. 현재 야무나강의 환경은 이전과 다름없이 위태롭다.

위: 쓰레기가 뉴델리의 야무나강 강둑에 쌓여 있다.

오른쪽: 야무나강의 수질 오염 때문에 타지마할이 누렇게 변하기 시작했다.

베네치아

이탈리아

북위 26' 02.3" / 동경 12° 20' 18.8"

베네치아는 서기 421년 3월 25일 정오에 건설되었다. 어쨌거나 전설은 그렇게 말한다. (솔직히 말해보자. 세상에서 이 대도시 섬만큼 전설적인 곳은 거의 없다.) 신뢰할 만한 베네치아 역사가 잰 모리스가 관련 달력들을 참고해서 알아낸 바에 따르면, 그 해 3월 25일은 금요일이었다.

베네치아는 상상력을 북돋아주는 곳이다. 평소에는 진실 여부에 민감한 사람들조차 베네치아에 관한 일이라면 너그러워지곤 한다. 그도 그럴 것이, 도시에서 가장 유명한 건물도 호화로운 비잔틴 양식 바실리카다. 산마르코대성당의 모자이크는 사치스럽고 화려하게 금박을 두른 채 겸허한 헌신을 통한 종교적 구원을 설교한다. 《창세기》 속 신은 정말로 금요일에 육지의 모든 생명체를 만들었을지도 모른다. 하지만 요즘 금요일은 대담한 도시 개발을 시작하는 것보다 긴장을 풀고 쉬는 것과 더 관련이 깊다. 금요일 점심 무렵 서구 세계의 아무 회사에나 방문해보면, 단언컨대 생산성이 뚝뚝 떨어지는 모습을 목격할 것이다. 금요일 오후 회의는 늘 취소될 위기에 놓여 있다. 혹은 꽉 막힌 상사가 권위와 지위를 강조하려고 일부러 금요일 오후에 회의를 열기도 한다. 하지만 421년 3월 25일 금요일에 가난한 어부 조반니 보노와 동료들은 의지가 전혀 꺾이지 않았던 것 같다. 이들은 아드리아해에 접한 이탈리아 북동부 해안의 모기 떼 들끓는 석호에 도시를 건설하기로 마음먹었다. 이들의 결의는 새로운 도시를 건설하기로 선택한 땅보다 훨씬 더 굳건했다.

창조 신화는 잠시 제쳐두자. 베네치아는 117개나 되는 섬들로 이루어져 있다(118개로 계산하기도 한다). 이 군도는 6000년 전에 형성되었다. 당시 알프스산맥에서 강 여섯 줄기가 흘러나와 아드리아해의 이 지역으로 모래와 이판암, 진흙 퇴적물을 운반했다. 강물의 담수와 바다의 염수가 섞여서 석호가 탄생했고, 산에서 내려온 퇴적물이 섬들을 만들었다. 바로 이곳에서 땅이기도 하고 물이기도 한 독

위: 물에 둘러싸인 베네치아는 역사적으로 자주 침수되었다. 이 19세기 삽화도 베네치아의 홍수를 보여준다.

특한 도시가 마침내 건설되었다. 길쭉하게 솟은 모래톱이 바다를 막아주는 곳에서 주민들은 수 세기 동안 물고기를 잡고 소금을 채취하며 살아갔다. 그들의 생업은 베네치아의 섬들처럼 물과 땅 사이 어딘가를 맴돌았다. 이들은 지척의 이탈리아 본토에서 부흥하는 로마제국에 무관심했다. 마을이 번영하던 시절에도 주민들은 은거할 수 있는 외딴 별장을 짓고 해안에서 신나게 오리를 쫓으며 사냥 모임을 즐겼다. 이 해안 마을이 진정한 도시 베네치아로 성장한 것은 로마제국이 쇠락한 이후였다. 4세기부터 게르만족과 서고트족, 훈족이 로마제국으로 떼 지어 몰려와서 약탈을 일삼았다. 베네치아는 이탈리아 본토에서 도망치는 사람들의 피난처였다. 이것이 베네치아의 진정한 기원이다. 이 도시는 공화국으로 발돋움한 서기 697년부터 마침내 무너진 18세기까지 연이어 밀려오는 이민자에게 안식처를 제공했다. 어느 방문객은 베네치아가 "다른 모두가 꺼리는 사람들"을 받아주고 "다른 곳에서 박해받는 사람들에게 환대"를 베풀었다고 증언했다.

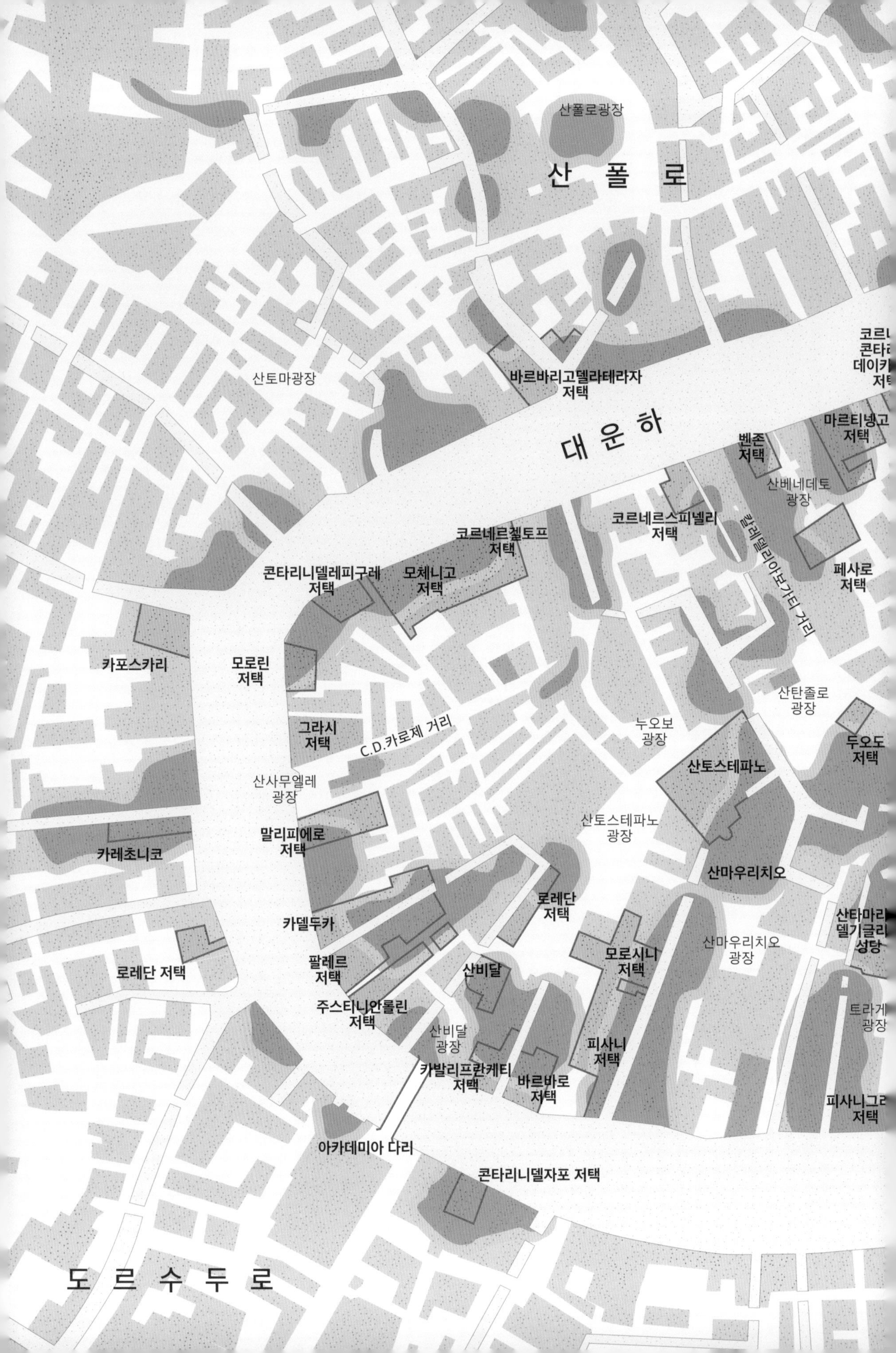

산폴로광장

산 폴 로

코르네르콘타리니데이카발리저택

산토마광장

바르바리고델라테라자 저택

대 운 하

마르티넹고 저택

벤존 저택

산베네데토 광장

코르네르스피넬리 저택

칼레델리아보가티 거리

코르네르젤토프 저택

콘타리니델레피구레 저택

모체니고 저택

페사로 저택

카포스카리

모로린 저택

산탄졸로 광장

그라시 저택

C.D.카로제 거리

누오보 광장

두오도 저택

산토스테파노

산사무엘레 광장

말리피에로 저택

산토스테파노 광장

카레초니코

산마우리치오

로레단 저택

산타마리아델기글리오 성당

카델두카

모로시니 저택

산마우리치오 광장

팔레르 저택

산비달

로레단 저택

주스티니안롤린 저택

트라게토 광장

산비달 광장

피사니 저택

카발리프란케티 저택

바르바로 저택

피사니그리티 저택

아카데미아 다리

콘타리니델자포 저택

도 르 수 두 로

리알토 다리
폰다코데이테데스키
백화점
산바르톨로메오광장
메르체리아II아프릴레 거리
살리자다산리오 거리
돌핀마닌
저택
주스티니안
파카논
저택
카 스 텔 로
벰보 저택
산살바도교회
코르테데이
테아트로
칼레데카브로 거리
메르체리아산줄리안 거리
산루카
광장
마닌
광장
칼레푸제리 거리
칼레데이파브리 거리
산 마 르 코
콘타리니델보볼로
궁전
토레델오롤로조
시계탑
파트리아르칼레궁
산갈로
산마르코대성당
프로쿠라티에
베키에
산마르코 종탑
산마르코
광장
파틴
광장
코레르
박물관
두칼레궁
포레제리아 거리
왕궁
산마르코
소광장
프로쿠라티에
누오베
국립마르차나
도서관
산테오도로 기둥&
산마르코 기둥
라르가XXII마르조 거리
칼레발라레소 거리
카주스티니안
저택
해안
경비소
트라베스바로지
저택
저택
베 네 치 아 석 호
운하 벽이 상당히 손상된 주요 건물
매해 10~50번 침수가 일어나는 지역
N
0
100 미터
산타마리아델라살루테성당

소금이 풍부하고 모래와 나무도 넉넉하지만 경작지와 자연석이 부족한 베네치아는 물자를 수입해야만 성장하고 번창할 수 있었다. 지리와 지형, 기질, 재정적 필요 때문에 베네치아는 국제 해상 무역에 에너지를 쏟았다. 동양과 서양의 경계 지대에 자리 잡은 이 도시는 비잔틴제국의 콘스탄티노플과 이슬람 세계의 카이로를 교역 상대로 삼았다. 13세기가 되자 베네치아는 아시아나 그 너머 지역에서 유럽으로 수입해온 향신료의 70퍼센트를 통제했다. 유럽 다른 지역에서 금융업이 심각하게 축소되었을 때 베네치아 상인들은 이 공화국 도시에서 자유롭게 영업하는 무수한 은행과 대금업자에게 지원을 받을 수 있었다.

큰 거리보다 오솔길이, 도로보다 운하가 많은 이 도시는 옛 시절의 영광을 많이 잃었다. 무엇이든 과다했던 과거는 빛을 잃었지만, 그 대신 현재의 아름다움을 만들어냈다. 그런데 이제는 우리 시대의 과잉 때문에 이 아름다움이 위험에 빠졌다. 꾸준히 호황인 관광업은 베네치아를 살리기도 했지만, 최근에는 베네치아를 망가뜨릴 기세다. 휴가철에 베네치아를 찾는 인파가 너무 많아지자 2018년 시 당국은 산마르코광장과 리알토 다리로 가는 관광객의 흐름을 통제하려고 출입문을 설치했다. 필자가 이 글을 쓰는 지금, 시 당국은 하루 관광객 수를 더 제한하는 조치를 고려하고 있다. 초대형 요트가 석호에 정박하는 것을 금지하는 조치도 제안되었다. 일부 선박은 너무 거대해서 그림자로 베네치아의 전설적인 경치를 가려

위: 아쿠아알타 시기에 산마르코광장에 차오른 물.

왼쪽: 사진 속 선박처럼 거대한 크루즈는 베네치아로 어마어마하게 많은 관광객을 데려온다.

버릴 정도였다. 문제는 이것만이 아니다. 2018년 가을, 베네치아 4분의 3이 물에 잠겼다. 계절성 아쿠아알타Acqua Alta(만조를 가리키는 이탈리아어로, 특히 아드리아해 북부 지역에 정기적으로 발생하는 이상 조위 현상을 가리킨다—옮긴이)가 이례적인 수준으로 높게 차오르면서 도시 일부가 무릎 깊이의 물에 잠겼다. 원래 베네치아에서 홍수는 런던의 비나 비둘기, 로스앤젤레스의 스모그처럼 짜증스럽지만 익숙한 골칫거리다. 산마르코대성당의 서쪽 주랑 현관을 장식한 모자이크는 성서 속 홍수를 묘사한다. 역사가 11세기로 거슬러 올라가는 이 모자이크는 물이 아주 오래전부터 베네치아 사람들의 마음을 잠식했다는 사실을 암시한다. 그런데 지난 세기에 베네치아의 섬들이 10센티미터 정도 가라앉았다. 해수면은 점점 높아지고 있고, 매년 조수가 주기적으로 상승하며 홍수도 갈수록 잦아지고 있다. 앞으로 30년 안에 베네치아는 완전히 물에 잠겨서 살 수 없는 곳이 될 가능성이 매우 크다.

콩고분지 열대우림

콩고민주공화국

남위 0° 28' 40.2" / 동경 17° 45' 49.6"

콩고분지 열대우림은 악취가 진동하는 늪과 진흙투성이 강, 수목이 빽빽하게 들어찬 정글, 광활한 삼림지대, 풀이 우거진 사바나가 얽힌 거대한 태피스트리다. 프랑스 면적의 두 배쯤 되는 이곳보다 더 큰 열대우림은 아마존뿐이다. 현재 여섯 나라에 걸쳐 있으며(삼림 경계 지역에 세 나라가 더 있다), 열대우림에서 가장 큰 몫인 약 60퍼센트가 콩고민주공화국의 땅이다. 콩고민주공화국은 비할 데 없이 귀중한 천연 광물자원을 막대하게 가지고 있지만, 고통스러웠던 식민 지배 과거와 그에 못지않게 끔찍한 현대사로 얼룩져 있다. 콩고는 1997년부터 2003년까지 격렬한 내전에 휘말렸고, 600만 명이 넘는 인구를 잃었다. 전쟁에서 목숨을 잃지 않은 사람들은 질병과 영양실조로 쓰러졌다. 그런데 내전이 격심하게 이어지던 동안 불법 벌목꾼들이 드넓은 열대우림을 벌채했다. 이들은 내전 양측의 민병대와 대놓고 또는 은밀히 공모했기 때문에 아무런 처벌도 받지 않았다. 필자가 이 글을 쓰는 지금, 분쟁은 거의 끝난 상태다. 하지만 국내외의 법률로 보호받아야 하는 아프리카 마호가니 등 열대우림 수목을 벌채하는 사업은 전혀 줄어들 기미가 없다. 오히려 삼림 벌채는 걱정스러울 만큼 빠르게 증가하고 있다.

메릴랜드대학교 지리학과가 2018년 11월에 발표한 연구에 따르면, 콩고분지는 2000년에서 2014년 사이에 16만 5000제곱킬로미터를 잃었다. 15년도 안 되는 짧은 기간에 방글라데시보다 넓은 면적을 상실한 셈이다. 현재의 삼림 파괴 속도가 계속된다면 2100년까지 콩고분지에서 삼림이 완전히 사라질 것으로

위: 콩고분지 지역에는 6000만 명에서 7500만 명이 살고 있다. 콩고민주공화국 키부의 이 오두막도 분지 안에 있다.

추산된다. 더 암울한 시나리오도 있다. 2100년까지 콩고분지의 인구수가 다섯 배 증가할 것으로 예상되므로, 열대우림은 아마 훨씬 더 일찍 소멸하고 말 것이다.

세계자연기금에 따르면 현재 콩고분지 열대우림은 1만 종이 넘는 식물과 400종이 넘는 포유류(보노보와 침팬지, 마운틴고릴라, 둥근귀코끼리, 오카피, 물소 등)와 최소 1000종의 조류(흑꼬리도요와 중부리도요, 꼬마도요 등)를 품고 있다. 이 야생 동식물 중 다수가 오로지 콩고분지 열대우림에서만 서식한다. 열대우림의 유인원은 지난 10년 동안 에볼라바이러스의 창궐로 이미 개체 수가 대폭 감소했다. 오랜 삼림 벌채는 이곳의 모든 야생동물에게 끔찍한 미래를 안겨줄 것이다.

콩고분지 지역의 인구는 6000만 명에서 7500만 명으로 추

베누에강
나이지리아
중
카메룬
방기
사나가강
야운데
비오코섬
우방기강
적도
기니
리브르빌
콩고
공화국
오카노강
가봉
카사이
대서양
브라자빌
킨샤사
콩고강
벌목 허용 구역
보호구역
삼림
N
0
160 킬로미터
앙골라
크왕고강

프리카공화국
코토강
남수단
나일강
우엘레강
콩고강
앨버트호
우간다
에드워드호
콩고
민주공화국
키부호
르완다
부룬디
탄자니아
탕가니카호
콩고강

정되며, 인구수는 매해 170만 명씩 늘고 있다. 주민 대다수는 크든 작든 열대우림에 의지해서 식량과 주거, 생계를 해결한다. 놀랍게도, 이제까지 열대우림 생태계에 가장 심각하게 피해를 준 것은 날로 증가하는 소규모 자급용 경작이었다. 이곳의 영세 농민은 무지해서든 아니든, 숲 일부를 벌채해서 토양의 양분이 모조리 고갈될 때까지 옥수수와 카사바 같은 주식 작물을 재배한다. 기존 경지에서 농사를 지을 수 없게 되면, 다른 땅을 벌채하고 똑같은 과정을 반복한다. 이렇게 삼림은 서서히, 그러나 가차 없이 파괴된다. 하지만 이런 미미한 농업 활동보다 벌목과 산업 규모의 농산물 생산이 열대우림의 생존에 더 큰 위협을 가한다. 벌목은 콩고민주공화국의 전후 경제를 이끄는 원동력으로 부활했다. 팜유 같은 농산물을 대량 생산하려면 드넓은 숲을 통째로 제거해야 한다. 콩고분지 열대우림은 세계에서 네 번째로 큰 탄소 저장고로 평가받으며, 지구 기후를 조절하는 데 핵심 역할을 맡고 있다. 열대우림의 운명은 우리가 모두 깊이 신경 써야 할 문제다.

오른쪽: 콩고분지 열대우림의 벌채목.

아래: 콩고분지 열대우림에서 서식하는 둥근귀코끼리는 삼림 파괴로 위협받고 있다.

그레이트배리어리프

호주

남위 18° 00' 05.9" / 동경 146° 50' 03.4"

'테라 아우스트랄리스 인코그니타Terra Australis Incognita', 즉 남쪽 미지의 땅에 도착한 최초의 유럽인은 제임스 쿡 선장과 HM 인데버호HM Bark Endeavour의 선원들이다. 이들은 낯선 세계의 동쪽 해안에서 뜻하지 않게 그레이트배리어리프와 마주쳤다.

1770년 6월 10일 늦은 저녁, 쿡은 이미 잠자리에 들었고 배는 퀸즐랜드 북부 해안을 따라 항해하고 있었다. 바다는 잔잔했고, 보름달이 항로를 환히 비춰주었다. 수평선에는 재앙이 곧 닥쳐온다는 징후가 전혀 없었다. 그런데 쾅! 배가 물 밖으로 삐죽 튀어나온 산호초에 부딪혔다. 곧 목재가 쪼개지는 무시무시한 소리가 들렸다. 충돌의 여파로 배 밑바닥에 커다란 구멍이 뚫렸고 태평양의 물이 배 안으로 거세게 밀려 들어왔다. 선원들이 힘을 모아서 바닷물을 퍼낸 후 부서진 배를 간신히 뭍으로 끌고 갔다. 배를 수리하는 데 일곱 주나 걸렸다. 물론, 인데버호는 이 일대를 항해하는 동안 산호초를 다시, 자주 마주치곤 했다. 쿡 선장은 "깊이를 알 수 없는 바다에서 거의 수직으로 솟아오른 산호초 바위벽"이라고 기록했다. 이 바다에는 숭고할 만큼 아름답지만 소름 끼치도록 무서운 것이 있었다. 나무배를 타고 이 위험천만한 소용돌이 위를 지나가려는 사람은 치명적 운명을 맞을지도 몰랐다. 쿡이 해도에, 갇히면 가망 없이 길을 잃고 만다는 불길한 의미를 지닌 단어 '미로'라고 이 일대를 표시한 것도 별로 놀랍지 않다.

쿡은 서구 세계에 처음으로 그레이트배리어리프를 알렸다. 그가 1773년에 출간한 저서《남반구에서 발명을 이룩하기 위해 현왕 폐하의 명령으로 착수한 항해 이야기An account of the voyages undertaken by order of his present Majesty for making discoveries in the southern hemisphere》덕분에 대중은 이 비범한 자연환경에 사로잡혔다. 거대 산호초의 매력은 지금까지 조금도 줄어들지 않았다. 오히려 그레이트배리어리프를 알면 알수록 더욱 매력적으로 느껴진다. 면적이 대략 35만 제곱킬로미터에 이

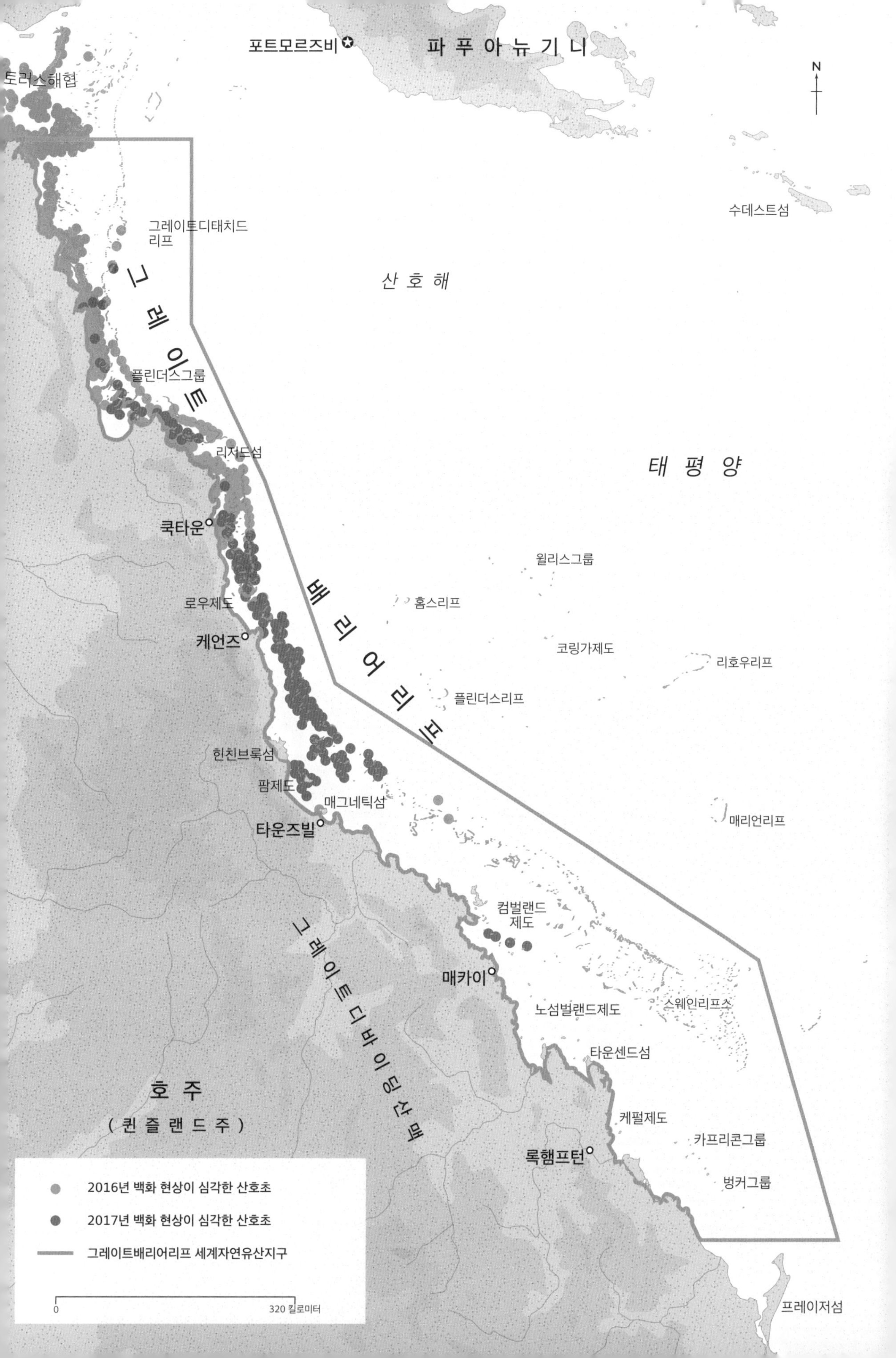

포트모르즈비
파푸아뉴기니
토러스해협
그레이트디태치드 리프
수데스트섬
산호해
그레이트배리어리프
플린더스그룹
리저드섬
태평양
쿡타운
윌리스그룹
로우제도
홈스리프
케언즈
코링가제도
리호우리프
플린더스리프
힌친브룩섬
팜제도
매그네틱섬
타운즈빌
매리언리프
컴벌랜드 제도
그레이트디바이딩산맥
매카이
노섬벌랜드제도
스웨인리프스
타운센드섬
호주
(퀸즐랜드주)
케펄제도
카프리콘그룹
록햄프턴
벙커그룹
2016년 백화 현상이 심각한 산호초
2017년 백화 현상이 심각한 산호초
그레이트배리어리프 세계자연유산지구
0
320 킬로미터
프레이저섬
N

르는 그레이트배리어리프는 우리가 생각하는 것보다 더 커서 넓이가 일본과 비슷하고 영국과 아일랜드를 합친 것보다 크다. 3000개가 넘는 개별 산호초가 호주 북부 해안을 따라 불연속적으로 2000킬로미터나 이어져 있다. 유일하게 우주에서도 볼 수 있는 살아 있는 구조체다.

하지만 산호초의 일부, 특히 얕은 바다에서 서식하는 산호는 충격적인 속도로 죽어가고 있다. 2016년, 해양 폭염이 아홉 달이나 계속되며 태평양 수온이 전례 없이 치솟았다. 산호의 먹이인 알록달록한 말무리가 죽어 나갔고, 결국 그레이트배리어리프의 산호 30퍼센트가 새하얗게 변하며 죽었다. 이 참혹한 사건이 이듬해에 다시 벌어졌다. 그레이트배리어리프의 산호 20퍼센트가 추가로 똑같이 죽고 말았다. 과거 산호초는 비슷한 백화 현상을 겪고도 늘 회복했다. 하지만 이

번에는 치사율이 너무 높아 과연 회복할 수 있을지 의심스럽다. 산호초는 놀랍도록 적응력이 뛰어나며, 일부 과학자는 이 독특한 해양 생태계가 살아남을 것이라고 주장한다. 하지만 지금과는 달리 축소된 규모로만 존속할 것이다. 기후 변화로 오르고 있는 해수 온도를 낮추지 못한다면—현재 전 세계 바다는 예상보다 40퍼센트나 더 빠르게 따뜻해지고 있다—그레이트배리어리프는 정말로 빠르게 소멸할 것이다. 쿡 선장은 그레이트배리어리프가 인간에게 치명적이라고 생각했지만, 사실은 인간이 그레이트배리어리프에 훨씬 더 치명적이다.

아래: 그레이트배리어리프는 해수 온도의 상승으로 위협받고 있다.

만리장성

중국

북위 40° 25' 45.4" / 동경 116° 33' 59.2"

전설에 따르면, 중국을 최초로 통일한 진시황은 마법의 양탄자를 손에 넣고 달까지 날아가서 자신의 영토가 얼마나 넓은지 확인했다고 한다. 하늘까지 날아오른 황제는 아래를 찬찬히 내려다보며 자신이 지배하는 땅을 확인하고 자부심으로 가슴이 벅차올랐다. 그런데 영토를 바라보면 볼수록 불안해졌다. 하늘에서 내려다보니 진나라 국경 너머에는 적대적인 이민족이 있고, 그사이에 놓인 경계선은 극도로 취약해 보였다. 적이 사방에서 진나라를 위협하는 것 같았다. 지상으로 내려온 황제는 거대한 장벽을 세워서 야만족을 막아내고 백성을 지키겠노라고 맹세했다. 달에서도 보인다는 그 유명한 건축물, 만리장성은 그렇게 지어졌다.

하지만 사진작가 다니엘 슈바르츠가 〈만리장성〉 프로젝트에서 올바르게 보았듯이, 만리장성이라는 하나의 거대한 벽은 존재하지 않는다. 만리장성은 2000년이 넘는 세월 동안 끊임없이 지어진 장벽의 체계를 가리킨다. 물론, 이름이 알려주듯이 확실히 거대한 규모다. 인류 역사상 가장 긴 건축물인 만리장성은 그 길이가 지구 둘레의 20분의 1이나 된다. 장성은 여전히 중국 문명의 토템으로 남아 있다.

이 건축공학의 위업이 달성한 야망과 규모는 지금 보아도 놀랍다. 만리장성은 단순한 방어벽도, 단순한 영토 표시물도 아니었다. 어떤 지역에서는 단순한 방어벽이자 영토 표시물이기도 했지만, 대체로 1만 개가 넘는 봉화, 최소 1000곳이 넘는 요새, 무수한 요새화 성문과 주둔군을 갖춘 병참선이었다. 이 모든 구조물이 산줄기를 따라 오르내리고, 풀이 무성한 평원을 누비고, 고비사막을 가로지른다. 건축 양식은 각지의 지형 조건에 따라 다양하다. 주변 환경과 어우러지는 성벽을 만드는 데 쓰인 재료도 가지각색이다. 고비사막에서는 종려나무 잎과 갈대, 자갈을 섞은 층으로 성벽을 쌓았다. 다른 지역에서는 보통 현지의 흙으로 보루를 만들었다.

위: 진산링과 쓰마타이 사이 쇠퇴한 만리장성.

만리장성에서 가장 먼저 지어진 부분은 역사가 최소한 기원전 7세기로 거슬러 올라간다. 하지만 대개는 진시황 대에 진정으로 만리장성이 착공되었다고 본다. 진시황은 기원전 247년에 즉위해서 기원전 221년에 중국을 통일했다. 황제는 마법의 양탄자를 타보지 않았어도 북방의 흉노(보통 훈족으로 여겨진다)가 여전히 취약한 그의 제국에 얼마나 위험한지 잘 알았다. 게다가 제국

안에서도 지방 권력 분쟁이 부글부글 끓으며 폭발 직전까지 치달았다. 따라서 시황제는 기존의 제국 내 민족 경계선을 제거하고 적대적인 외부 침입자를 차단하여 이질적인 사람들을 자신의 통치 아래 하나로 묶기 위해 방어벽을 세웠다. 그는 방어벽이 1만 리(1리는 대략 400미터) 정도 뻗어 나가리라고 구상했다. 오늘날 중국에서는 진시황의 독창적이고 경이로운 건축물을 기리고자 이 성벽 전체를 만리장성이라고 부른다.

진시황의 건축물은 이후 10개 왕조에 걸쳐 꾸준히 보강되었다. 특히 한나라와 금나라, 명나라의 황제들이 장성 증축에 열성이었다. 한나라 대에 장성은 황허의 서안과 신장 지방 내륙까지 닿으면서 거의 두 배로 늘어났다. 마지막으로 가장 오래 이어진 증축 공사는 건축 기술이 크게 발전한 명나라 시기였다. 현재 우리가 만리장성이라고 생각하는 구조물 대부분은 주로 명나라 대에 벽돌로 마무리한 영역이다. 찬란한 중국 건축을 감상하려는 서구 관광객 대다수가 방문하는 베이징 북부 바다링八達嶺 장성도 명 시대 성벽을 복원한 것이다.

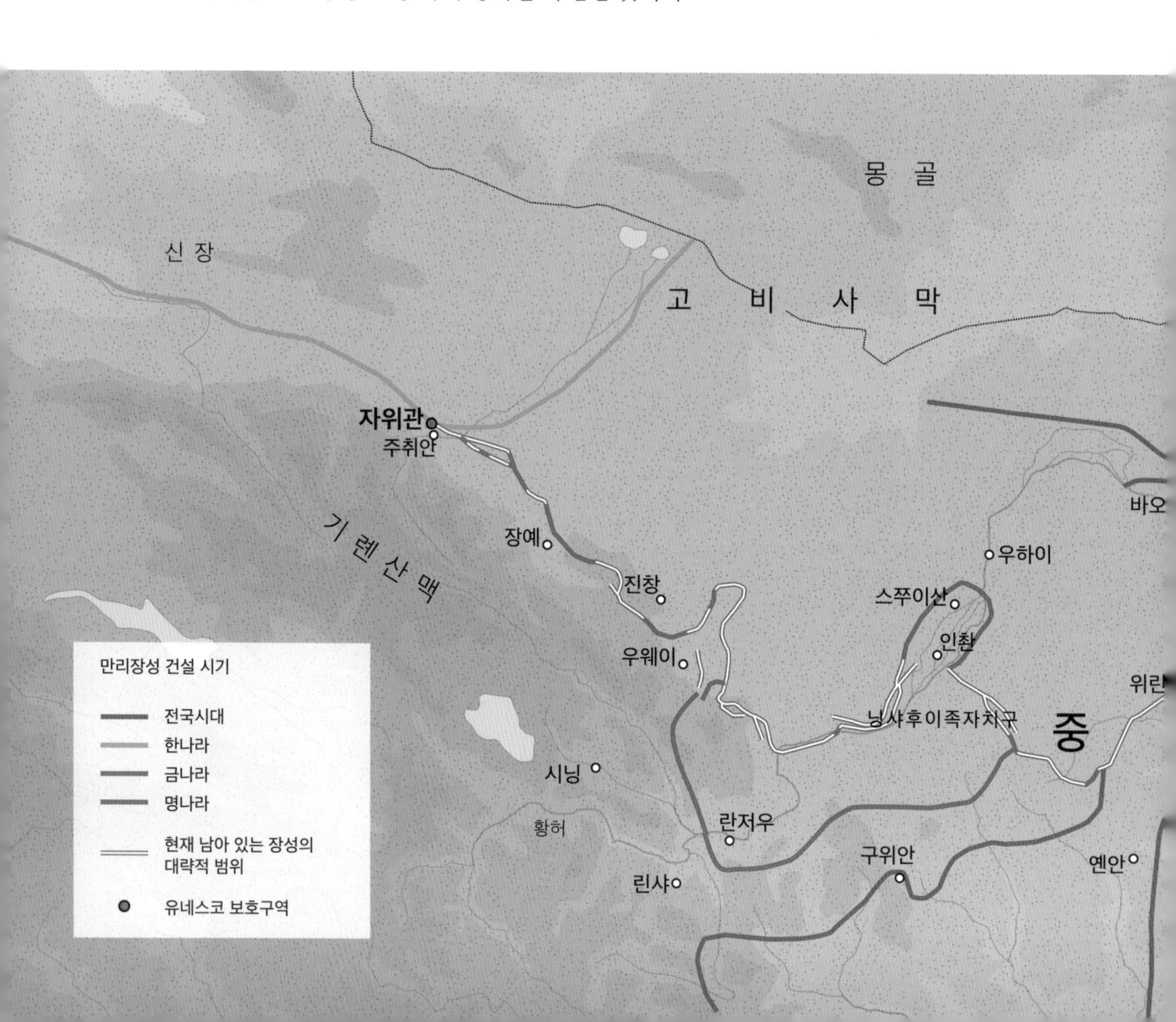

그런데 명나라 시기 성벽 일부는 한때 한반도를 향해 더 동쪽으로 뻗어 있던 장성처럼 유실될 위험에 처했다. 명나라 때 건설된 장성의 약 30퍼센트 혹은 2000킬로미터가 이미 사라진 것으로 추산된다. 자연 침식과 인간의 훼손, 특히 장식용 돌을 빼돌려 기념품으로 팔아치우는 행위가 주요 원인으로 꼽힌다. 2014년에 만리장성 전체에 대한 조사와 점검이 완료되었다. 그 결과, 장성의 74.1퍼센트가 "보존 상태가 형편없다"고 밝혀졌다. 2018년, 닝샤후이족자치구의 지방정부가 농지를 만들겠다고 장성 일부를 불도저로 밀었다. 그런데도 중앙정부는 그다지 혹독하게 책망하지 않은 듯하다. 집권 공산당은 중국 인민에게 "모국을 사랑하고 장성을 재건하라"라고 권했다. 하지만 필자가 이 글을 쓰고 있는 지금, 전문가들은 중국 정부가 만리장성 보존에 노력을 거의 기울이지 않는다며 우려를 표한다.

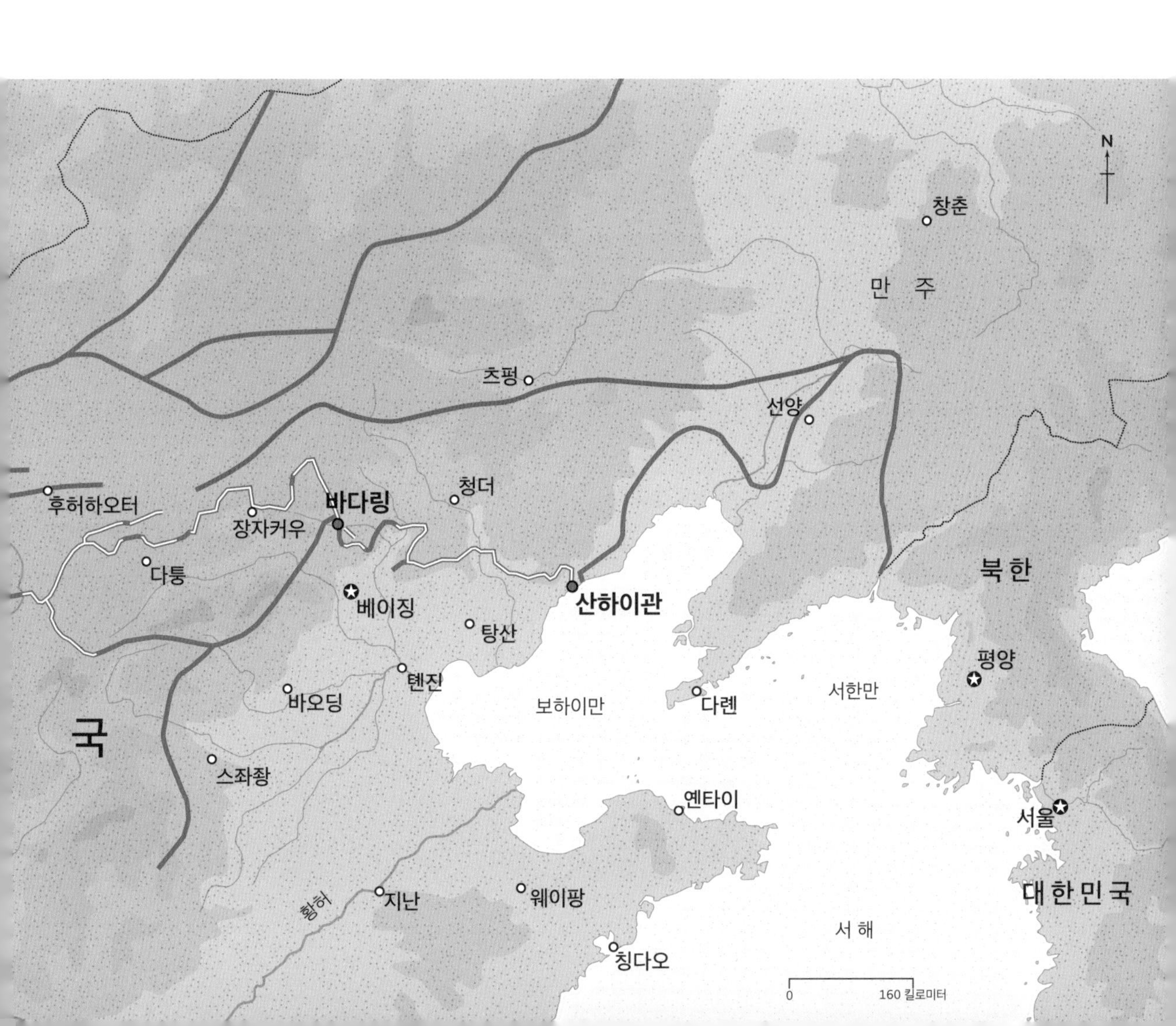

투발루

남태평양

남위 8° 31' 15" / 동경 179° 11' 55"

최근 투발루가 겪는 곤경을 다룬 다큐멘터리의 제목은 우스꽝스러운 재치를 담은 '가슴이 철렁하는 느낌That Sinking Feeling(직역하자면 '가라앉는 느낌'이다—옮긴이)'이다. 투발루는 지구에서 네 번째로 작은 나라다. 하와이와 호주 사이 남태평양 드넓은 바다에 뜬 산호 환초 여섯 개와 섬 세 개로 구성되어 있다. 이 섬들의 해발 고도는 4.5미터도 채 되지 않는다. UN은 무려 30년 전인 1989년에 이미 투발루가 "지구 온난화로 21세기에 바닷물 아래로 사라질 가능성이 가장 큰 지역" 중 한 곳이라고 판단했다.

수십 년 동안 해수면과 수온 모두 꾸준히 상승한 태평양이 투발루의 섬들을 보호하던 산호초를 야금야금 갉아 없앴다. 거대한 높은만조King Tide(달이 지구와 가장 가까울 때 발생하는 유달리 커다란 밀물, 단순하게 굉장히 높은 밀물을 가리키기도 한다—옮긴이)가 갈수록 잦아지면서 바닷물이 해안뿐만 아니라 주거지까지 밀려드는 일이 반복되고 있다. 그 어느 때보다 깊숙이 침입해오는 바닷물은 풀라카와 타로를 키우는 밭과 구덩이도 파괴해버렸다. 풀라카와 타로는 투발루의 전통 식단에서 거의 유일한 주식이었다.

이처럼 눈앞에서 섬이 곧 사라질 듯하자 투발루 주민 1만 2000명 가운데 5분의 1가량이 고향을 등지기로 마음먹었다. 이들 대다수가 뉴질랜드로 향한 덕분에 뉴질랜드의 투발루 공동체 규모는 1996년 이후 세 배로 늘어났다.

1978년 영국에서 독립한 투발루의 육지 면적은 고작 16제곱킬로미터지만, 인간이 살아온 역사는 2000년이 넘는다. 이곳은 그림엽서 속 태평양 낙원 같은 요소를 빠짐없이 갖추고 있다. 열대성 기후 덕분에 (높은 만조와 태풍을 제외하면) 연중 따뜻하다. 티 없이 맑고 푸른 바닷물에는 이국적인 물고기와 바다거북이 바글거린다. 해변의 모래밭에는 코코넛 나무가 드문드문 서 있다. 이곳의 삶은 (적어도 육지에서는) 여유롭고 느긋해 보인다. 심지어 나른하기까지 한 것 같다. 투발루에

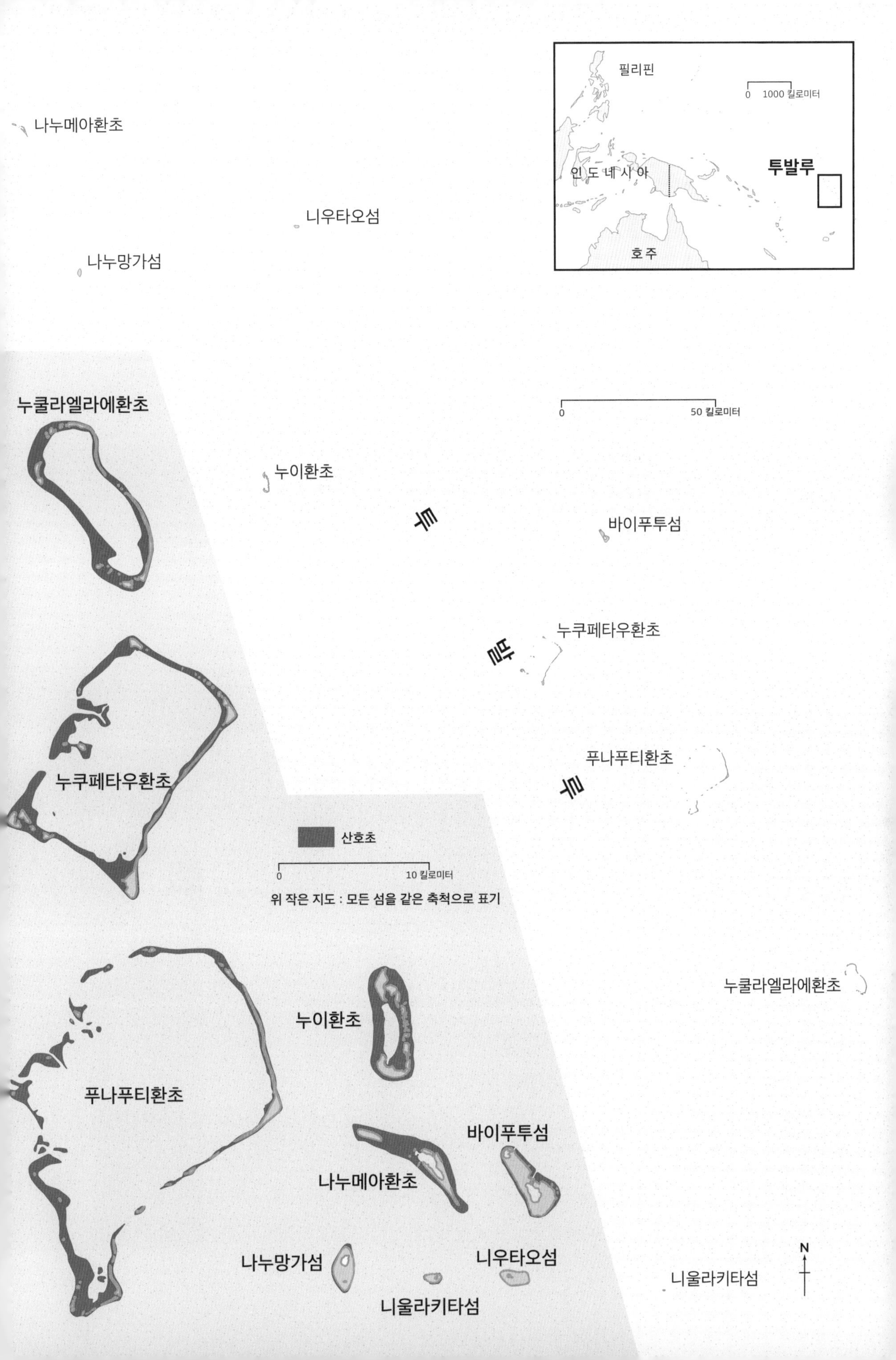

필리핀
0 1000 킬로미터
인도네시아
투발루
호주
나누메아환초
니우타오섬
나누망가섬
누쿨라엘라에환초
0 50 킬로미터
누이환초
투
바이푸투섬
누쿠페타우환초
발
푸나푸티환초
루
누쿠페타우환초
산호초
0 10 킬로미터
위 작은 지도 : 모든 섬을 같은 축척으로 표기
푸나푸티환초
누이환초
바이푸투섬
나누메아환초
누쿨라엘라에환초
나누망가섬
니우타오섬
니울라키타섬
니울라키타섬
N

서 그나마 눈에 띄는 부산스러운 활동은 수영하고, 낚시하고, 바구니를 짜고, 나무를 조각하고, 민속춤을 추는 일이다.

이처럼 자연은 너무도 아름답지만, 시장성 있는 자원은 비교적 부족하다. 코프라(말린 코코넛 과육)가 유일한 주요 수출품이지만, 이마저도 토양 염류화로 심각한 위험에 빠졌다. 주요 국가 수입은 굉장히 매력적으로 보이는 국가 인터넷 도메인 '.tv'를 미국 회사에 판매하는 데서 나온다. 제2차 세계대전 때 투발루는 엘리스제도Ellice Islands로 불리며 사실상 미군의 기지로 쓰였다. 미군은 이곳에서 일본이 점령한 중부 태평양 섬 타라와Tarawa를 공격했다. 이때 산호초를 채석해서 활주로와 방파제를 지었는데, 생태학자들은 그 탓에 투발루에서 가장 큰 섬인 푸나푸티Funafuti의 석호 전면이 침식되었다고 비판한다. 당시의 방파제는 이미 사라진 지 오래다.

투발루는 덜 알려진 관광지를 찾는 이들에게 더없이 좋은 목적지다. UN 세계관광기구World Tourism Organization는 2016년에 발간한 보고서에서 투발루가 "지구상 방문객 수가 가장 적은 곳"이라고 밝혔다. 그해 투발루를 찾아온 사람은 2000명에 지나지 않았다. 하지만 투발루를 가장 아끼는 주민조차 이곳을 완전히 떠나야 하는 현실에 직면했다. 우리가 투발루를 볼 수 있는 시간은 빠르게 줄어들고 있다.

투발루의 소멸 예고는 시기상조라고 주장하는 이들도 있다. 오클랜드대학교가 2018년 학술지 《네이처 커뮤니케이션즈Nature Communications》에 발표한 연구를 살펴보면, 더욱 높아진 파도가 해안에 퇴적물을 더 많이 쌓아둔 덕분에 산호 환초들은 대체로 면적이 줄기는커녕 늘어났다. 다만 연구진은 투발루의 미래가 예상보다 덜 암울할지라도 인구 감소 추세를 되돌리기는 어렵다고 인정했다.

오른쪽: 제2차 세계대전이 끝나고 푸나푸티섬에 남겨진 미군 전차.

아래: 푸나푸티환초는 투발루에서 사라질 위험이 가장 큰 섬이다. 푸나푸티에서 가장 높은 지점의 해발 고도는 겨우 4.5미터다.

참고문헌

Ackroyd, Peter. *Venice: Pure City,* Chatto & Windus, London, 2009

Ahmed, Nazimuddin. *The Buildings of Khan Jahan in and around Bagerhat,* University Press, Dhaka, 1989

Anderson, Darren. *Imaginary Cities: A Tour of Dream Cities, Nightmare Cities, and Everywhere in Between,* Influx Press, London, 2015

Anthony, David W. (ed.). *The Lost World of Old Europe: The Danube Valley 5000-3500BC,* Princeton University Press, Princeton and Oxford, 2010

Ashton, John. *The Fleet: Its River, Prison, and Marriages,* T. Fisher Unwin, London, 1888 [1887]

Bahn, Paul G. (ed.). *Lost Cities,* Weidenfeld & Nicolson, London, 1997

Bandinelli, Ranuccio Bianchi. *The Buried City: Excavations at Leptis Magna,* Weidenfeld & Nicolson, London, 1966

Beattie, Andrew. *The Danube: A Cultural History,* Signal Books, Oxford, 2010

Bedell-Harper, Kempton. *Lost to the Sea: The Vanishing Coastline of Holderness,* Heritage Centre, Hull, September 1983

Beresford, M. W. *The Lost Villages of Yorkshire,* The Yorkshire Archæological Journal, 1952

Bergreen, Laurence. *Marco Polo: From Venice to Xanadu,* Quercus, London, 2007

Bolton, Tom (photography by Said, S.F.). *London's Lost Rivers: A Walker's Guide,* Strange Attractor, Devizes, 2014

Bright, Michael. *1001 Natural Wonders You Must See Before You Die,* Cassell Illustrated, London, 2005

Bristol, George. *Glacier National Park: A Culmination of Giants,* University of Nevada Press, Reno (Nevada), 2017

Browning, Iain. *Petra (Revised Edition),* Chatto & Windus, London, 1989

Caffarelli, Erneto Vergara and Caputo, Giacomo (translated from the Italian by Ridgway, David). *The Buried City: Excavations at Leptis Magna,* Weidenfeld & Nicholson, London, 1966

Carr, Archie. *The Everglades,* Time-Life Books, New York, 1973

Carr, Robert S. and Harrington, Timothy A. *The Everglades,* Arcadia Publishing, Charleston (North Carolina), 2012

Chaudhury, N.C. *Mohenjo-daro and the Civilization of Ancient India with References to Agriculture,* Bharatiya Publishing House, Varanasi, 1979

Childe, Vere Gordon. *Ancient Dwellings at Skara Brae,* Edinburgh, 1950

Childe, Vere Gordon. *Skara Brae,* H.M.S.O., Edinburgh, 1983

Clarke, David. *Skara Brae,* Historic Scotland, Edinburgh, 2012

Coombes, J.W. *The Seven Pagodas,* Seeley, Service and Company, London, 1914

Cornell, Tim and Mathews, John. *Atlas of the Roman World,* Phaidon, Oxford, 1982

Darnhofer-Demár, Edith. 'Colombia's Lost City Revealed' in *New Scientist,* Vol. 94, 20 May 1982

Dodson, Carolyn (illustrations by DeWitt Ivey, Robert). *A Guide to Plants of the Northern Chihuahuan Desert,* University of New Mexico Press, Albuquerque, 2012

El-Abbadi, Mostafa. *The Life and Fate of the Ancient Library of Alexandria,* UNESCO, Paris, 1990

English, Charlie. *The Book Smugglers of Timbuktu: The Race to Reach the Fabled City and the Fantastic Effort to Save its Past,* William Collins, London, 2017

Fetherling, Douglas. *The Gold Crusades: A Social History of Gold Rushes, 1849–1929,* Macmillan of Canada, Toronto, 1988

Finley, M. I. *Atlas of Classical Archeology,* Chatto & Windus, London, 1977

Fryer, Jonathan. *The Great Wall of China,* New English Library, London, 1975

Fullam, Brandon. *The Lost Colony of Roanoke: New Perspectives,* McFarland & Company, Jefferson (North Carolina), 2017

Geil, William Edgar. *The Great Wall of China,* John Murray, London, 1909

Grimal, Pierre (translated by Woloch, Michael). *Roman Cities,* University of Wisconsin Press, London and Wisconsin, 1983

Grunwald, Michael. *The Swamp: The Everglades, Florida, and the Politics of Paradise,* Simon & Schuster, New York, 2007

Haberman, David L. *River of Love in an Age of Pollution: The Yamuna River of Northern India,* University of California Press, Berkeley and London, 2006

Hanks, Donoh (ed.). *North-Carolina-Roanoke Island 1937, Official Illustrated Booklet: 350th Anniversary of Sir Walter Raleigh's Colony on Roanoke Island the Birth of the Virginia Dare,* Manteo (North Carolina), 1937

Haywood, John et al. *The Cassell Atlas of World History: The Ancient and Classical Worlds Volume One,* Cassell, London, 2000

Hirst, Anthony and Silk, Michael (eds.). *Alexandria, Real and Imagined,* Routledge, London, 2017

Hoare, Alison L. *Clouds on the Horizon: The Congo Basin's Forests and Climate Change,* Rainforest Foundation, London, 2007

Horn, James. *A Kingdom Strange: The Brief and Tragic History of the Lost Colony of Roanoke,* Basic Books, New York, 2010

Howe, Ellic. *A Short Guide to the Fleet River,* T. C. Thompson & Son, London, 1955

Hunwick, John O. *The Hidden Treasures of Timbuktu: Historic City of Islamic Africa,* Thames & Hudson, London, 2008

Jenkins, Mark. *To Timbuktu,* Robert Hale, London, 1998

Kench, Paul S. et al. 'Patterns of Island Change and Persistence Offer Alternate Adaptation Pathways for Atoll Nations' in *Nature Communications,* Article 605, February 2018

Kreiger, Barbara. *The Dead Sea: Myth, History, and Politics,* Brandeis University Press, Hanover (New Hampshire) and London, 1997

MacLeod, Roy (ed.). *The Library of Alexandria: Centre of Learning in the Ancient World,* I. B. Tauris, London, 2000

Magris, Claudio. *Danube,* Harvill Press, London, 2001

Mallet, Victor. *River of Life, River of Death: The Ganges and India's Future,* Oxford University Press, Oxford, 2017

Marken, Damien B. (ed.). *Palenque: Recent Investigations at the Classic Maya Center,* Altamira Press, Lanham (Maryland) and Plymouth, 2007

Markoe, Glenn (ed.). *Petra Rediscovered: Lost City of the Nabataeans,* Thames & Hudson, London, 2003

Matthews, David Kenneth. *Cities in the Sand. Leptis Magna and Subratha in Roman Africa,* University of Pennsylvania Press, Philadelphia, 1957

Mayes, Philip. *Port Royal Jamaica: Excavations 1969-70,* Jamaica National Trust Commission, Kingston (Jamaica), 1972

Michaud, Roland (photography by Michaud, Roland & Sabrina; text by Jan, Michel). *The Great Wall of China,* Abbeville Press Publishers, New York, 2001

Minetor, Randi. *Historic Glacier National Park: The Stories Behind One of America's Great Treasures,* LP, Guilford (Connecticut), 2016

Morris, Jan. *Venice,* Faber, London, 1974 [2015 edition]

Moseley, Michael E. and Day, Kent C. (eds.). *Chan Chan, Andean Desert City,* University of New Mexico Press, Albuquerque, 1982

Mountfort, Guy. *Portrait of a River: The Wildlife of the Danube, from the Black Sea to Budapest,* Hutchinson, London, 1962

Muir, Richard. *The Lost Villages of Britain,* History, Stroud, 2009

Niemi, Tina M. (ed.). *The Dead Sea: The Lake and its Setting,* Oxford University Press, New York and Oxford, 1997

Norwich, John Julius (ed.). *Cities that Shaped the Ancient World,* Thames & Hudson, London, 2014

Paine, Lauren. *Benedict Arnold, Hero and Traitor,* Robert Hale, London, 1965

Powell, Andrew Thomas. *Grenville and the Lost Colony of Roanoke: The First English Colony of America,* Matador, Leicester, 2011

Rababeh, Shaher M. *How Petra was Built: An Analysis of the Construction Techniques of the Nabataean Freestanding Buildings and Rock-Cut Monuments in Petra, Jordan,* Archaeopress, Oxford, 2005

Read, Peter. *Returning to Nothing: The Meaning of Lost Places,* Cambridge University Press, Cambridge, 1996

Rotherham, Ian D. *Yorkshire's Viking coast,* Amberley, Stroud, 2015

Sanday, John et al. *Bangladesh: Master Plan for the Conservation and Presentation of the Ruins of the Buddhist Vihara at Paharpur and the Historic Mosque-City of Bagerhat,* Unesco, Paris, 1983

Schwartz, Daniel. *The Great Wall of China,* Thames & Hudson, London and New York, 1990

Sheppard, Charles. *The Biology of Coral Reefs,* Oxford University Press, Oxford, 2018

Silverman, Helaine and Isbell, William (eds.). *Handbook of South American Archaeology,* Springer, New York, 2008

Sprague, Marguerite. *Bodie's Gold: Tall Tales and True History from a California Mining Town,* University of Nevada Press, Reno (Nevada) and Eurospan, London, 2003

Stambaugh, John E. *The Ancient Roman City,* Johns Hopkins University Press, Baltimore, 1988

Stuart, David and Stuart, George. *Palenque Eternal City of the Maya,* Thames & Hudson, London, 2008

Taylor, Jane. *Petra and the Lost Kingdom of the Nabataeans,* I.B. Tauris,

London, 2001

Testi, Arnaldo (translated by Mazhar, Noor Giovanni). *Capture the Flag: The Stars and Stripes in American History,* New York University Press, New York, 2010

Thomsen, Clint. *Ghost Towns: Lost Cities of the Old West,* Shire Publications, Botley, Oxford, 2012

Urban, G. and Jansen, M. (eds.). *The Architecture of Mohenjo-Daro,* Books & Books, New Delhi, 1984

Wade, Stephen. *Lost to the Sea: Britain's Vanished Coastal Communities: Norfolk and Suffolk,* Pen & Sword History, Barnsley, South Yorkshire, 2017

Wade, Stephen. *Lost to the Sea: Britain's Vanished Coastal Communities: The Yorkshire Coast & Holderness,* Pen & Sword History, Barnsley, South Yorkshire, 2017

Weeden, Mark and Ullmann, Lee Z. (eds.), maps by Homan, Zenobia. *Hittite Landscape and Geography,* Brill Publishers, Leiden and Boston, 2017

이미지 출처

14-15쪽 _ SM 라피크 포토그래피/게티 이미지

15쪽 _ 위 SM 라피크 포토그래피/게티 이미지

18쪽 _ 가지 노게이/아나돌루 에이전시/게티 이미지

19쪽 _ 마르카Marka/게티 이미지 UI

22쪽 _ 스클리파스 스티븐/알라미 스톡 포토

24-25쪽 _ 룩/알라미 스톡 포토

29쪽 _ 그레인저 역사 사진 아카이브/알라미 스톡 포토

30쪽 _ 야부즈 리일리디즈/알라미 스톡 포토

31쪽 _ 베이바오크/셔터스톡

36-37쪽 _ 요르그 스테버/셔트스톡

39쪽 _ 요르그 스테버/셔터스톡

42쪽 _ 디노디아 포토스/알라미 스톡 포토

43쪽 _ 디츠/셔터스톡

45쪽 _ 위 리처드 마슈마이어/알라미 스톡 포토

45쪽 _ 아래 에밀리아노 로드리게스/알라미 스톡 포토

47쪽 _ 로저 바이올렛/게티 이미지

48-49쪽 _ 디에고 그란디/알라미 스톡 포토

52쪽 _ 프랑스 파리 장식예술도서관/아카이브 샤르메/브리지맨 이미지스

51쪽 _ 헬리케 프로젝트 원본 정보 제공

53쪽 _ ©헬리케 프로젝트, 도라 카카초노풀루

55쪽 _ 샤쇼츠/알라미 스톡 포토

58쪽 _ 보리스 스트로이코/셔터스톡

59쪽 _ 스튜어트 블랙/알라미 스톡 포토

61쪽 _ 로버트 프레스턴 포토그래피/알라미 스톡 포토

66-67쪽 _ 메리 에번스/그렌빌 콜린스 포스트가드 컬렉션

67쪽 _ 위 앤턴_이바노프/셔터스톡

70쪽 _ 헐턴 아카이브/게티 이미지

72쪽 _ 슈도이체 자이퉁 포토/알라미 스톡 포토

74-75쪽 _ 야세르 엘 다르샤브/셔터스톡

80쪽 _ 워커바웃 포토 가이즈/셔터스톡

81쪽 _ 포키 파이스 포토그래피/알라미 스톡 포토

85쪽 _ 위쪽 _ 사이언스 히스토리 이미지스/알라미 스토 포토

87쪽 _ 사라 스티어치(CC BY 4.0)

89쪽 _ 윌리엄 S. 쿠타/알라미 스톡 포토

92쪽 _ 위 다브 스탐불리스/알라미 스톡 포토

92쪽 _ 아래 나즈룰이슬람/셔터스톡

96쪽 _ 크로니클/알라미 스톡 포토

99쪽 _ SnvvSnvvSnvv/셔터스톡

106쪽 _ 시드니모닝헤럴드/게티 이미지 페어팩스 미디어

112쪽 _ 니데이 픽처 라이브러리/알라미 스톡 포토

115쪽 _ 아카이브 팜스 Inc/알라미 스톡 포토

119쪽 _ 세계 역사 아카이브/알라미 스톡 포토

121쪽 _ 더로스트시 원본 정보 제공

122-123쪽 _ ©더로스트시

127쪽 _ 셔터어페이어/셔터스톡

130쪽 _ Petersent(공용 도메인)

132쪽 _ 데드강지역역사회

135쪽 _ 데드강지역역사회

140쪽 _ DEA/ICAS94/게티 이미지

142쪽 _ 트래블뷰/셔터스톡

143쪽 _ 파벨 파발란스키/알라미 스톡 포토

146쪽 _ 댄 예거/알라미 스톡 포토

149쪽 _ 션 파본/알라미 스톡 포토

152쪽 _ 존 자다/알라미 스톡 포토

153쪽 _ 민든 픽쳐스/알라미 스톡 포토

158-159쪽 _ 매슈 J 토머스/셔터스톡

161쪽 _ 메리 에번스 픽처 라이브러리

165쪽 _ 톰 스택/알라미 스톡 포토

171쪽 _ 트루누프(베누아 브루머) (CC BY-SA 4.0)

174쪽 _ 조 메이블(CC BYSA 2.0)

178-179쪽 _ reisegraf.ch/셔터스톡

179쪽 _ 위톨드 스크르집체크/알라미 스톡 포토

182쪽 _ DemarK/셔터스톡

183쪽 _ 크로니클/알라미 스톡 포토

186-187쪽 _ 이언 대그널/알라미 스톡 포토

189쪽 _ 줄_베를린/셔터스톡

192쪽 _ 클릭사비/셔터스톡

193쪽 _ 알렉산더 헬린/알라미 스톡 포토

195쪽 _ 메리 에번스 픽처 라이브러리

198쪽 _ Rolf_52/셔터스톡

199쪽 _ irisphoto1/셔터스톡

201쪽 _ 유니버셜 이미지 그룹 노스 아메리카 LLC/데아고스티니/알라미 스톡 포토

204-205쪽 _ 에듀케이션 이미지/게티 이미지 UIG

205쪽 _ 에드워드 파커/알라미 스톡 포토

208-209쪽 _ 라리사 데닝/셔터스톡

211쪽 _ P. 세이델/셔터스톡

217쪽 _ 위 애슐리 쿠퍼/알라미 스톡 포토

217쪽 _ 아래 아래쪽 _ 애슐리 쿠퍼/게티 이미지 Corbis.

감사의 글

먼저 이 책을 의뢰해준 루시 워버턴Lucy Warburton에게 감사드린다. 루시는 이번 작업 이전에도 내게 두 번이나 지도책을 의뢰했다. 루시에게서 배턴을 이어받아 우리가 결승선을 통과할 수 있게 힘써준 줄리아 숀Julia Shone에게도 고맙다. 아울러 원고를 이 책으로 옮기는 데는 침착하게 빨간펜을 휘두른 편집장 로라 벌벡Laura Bulbeck과 교열 담당자 앨리슨 모스Alison Moss의 공이 더없이 컸다. 이 책의 정체성을 규정하는 요소는 아마 지도일 것이다. 이번에도 마틴 브라운Martin Brown이 능수능란하게 지도를 그려주었다.

이 책을 출판하기 위해 노력한 화이트라이언 출판사의 자랑스러운 직원 모두에게도 감사드린다. 특히 홍보를 맡은 멜로디 오두사냐Melody Odusanya에게 고마운 마음을 전하고 싶다.

런던 세인트팽크라스에 있는 영국도서관, 세인트제임스에 있는 런던도서관, 해크니도서관의 스토크뉴잉턴 분관의 직원과 사서에게도 감사드린다.

더불어 유럽과 미국에 있는 가족과 지인들, 머나먼 과거와 현대의 친구들 모두 감사하다. 마지막으로 나의 총명하고 아름다운 아내 에밀리 빅Emily Bick과 우리 고양이 피비Phoebe에게도 고맙다.

찾아보기

A-Z

C. L. 어비C.L. Irby 62
J. 맹글스J. Mangles 62
M. W. 베레스퍼드M. W. Beresford 156
R. D. 바네르지R. D. Banerji 12
W. S. 보디W. S. Bodey 124

ㄱ

강rivers
다뉴브강River Danube(유럽) 138-142
슬림스강Slims River(캐나다 유콘) 150-153
야무나강Yamuna River(인도) 190-193
플리트강River Fleet(영국 런던) 94-98
《고대 로마 세계 아틀라스Atlas of the Roman World》(존 매슈스, 팀 코넬) 64
고든 폭동Gordon Riots(1780년) 97
그레이트배리어리프Great Barrier Reef(호주) 206-209
글레이셔국립공원Glacier National Park(미국 몬태나) 170-175
기후 변화climate change
그레이트배리어리프Great Barrier Reef(호주) 206-209
글레이셔국립공원Glacier National Park(미국 몬태나) 170-175
스카라브레Skara Brae(영국 오크니제도) 184-189
슬림스강Slims River(캐나다 유콘) 150-153
투발루Tuvalu(남태평양) 214-217
팀북투Timbuktu(말리) 180-183

ㄴ

나렌드라 모디Narendra Modi 192
나바테아Nabatea 54
나폴레옹 보나파르트 브로워드Napoleon Bonaparte Broward 160-162
농민 봉기Peasants' Revolt(1318년) 97

ㄷ

다니엘 슈바르츠Daniel Schwartz 210
도라 카초노풀루Dora Katsonopoulou 53

ㄹ

라벨 2세Rabbel II(페트라) 58
람세스 2세Ramses II(이집트) 16
랠프 레인 경Sir Ralph Lane 84
런던대화재Great Fire of London(1666년) 98
레옹 드 라보르드Léon de Laborde 62
레이븐서오드Ravenser Odd(영국 요크셔) 154
렙티스마그나Leptis Magna(리비아) 20-25
로널드 레이건Ronald Reagan 160
로마 제국Roman Empire
렙티스마그나Leptis Magna(리비아) 20-25
팀가드Timgad(알제리) 64-67
로버트 베너블스Robert Venables 110
로스트시Lost Sea(미국 테네시) 120-123
로어노크Roanoke(미국 노스캐롤라이나) 82-89
로자 메이Rosa May 126
로제타석Rosetta Stone 16
루스티켈로 다 피사Rustichello da Pisa 29
루치우스 셉티미우스 세베루스Lucius Septimius Severus 23, 25, 64
루이 리낭 드 벨퐁Louis Linant de Bellefonds 63
리처드 그렌빌 경Sir Richard Grenville 84
리처드 몽고메리Richard Montgomery 132

ㅁ

마르코 폴로Marco Polo 28-29
마일스 스탠디시Myles Standish 133
마야Maya 44-46
마추픽추Machu Pichu(페루) 34, 37
마하발리푸람Mahabalipuram(인도) 40-43
드라비다사원Dravidian Temple(마하발리푸람) 40
만리장성萬里長城(중국) 210-213
매그너스 스펜스Magnus Spence 184
멤피스Memphis(이집트) 69, 71
모헨조다로Mohenjo-Daro(파키스탄) 12-15
무아마르 카다피Muammar Gaddafi 25

ㅂ
바게르하트의 모스크 도시Mosque City of Bagerhat(방글라데시) 90-93
바부르Babur(무굴제국) 190
바빌로니아Babylonia 16, 19, 54
베네딕트 아널드Benedict Arnold 131
베네치아Venice(이탈리아) 194-199
벤 샌즈Ben Sands 122
보디Bodie(미국 캘리포니아) 124-128
비어 고든 차일드Vere George Childe 188
비잔틴제국Byzantine Empire 25, 58, 60198

ㅅ
스청石城(중국) 99-103
사해Dead Sea(요르단/이스라엘) 144-149
산호초coral reefs
그레이트배리어리프Great Barrier Reef(호주) 206-209
투발루Tuvalu(남태평양) 214-217
상도上都(몽골/중국) 26-33
새뮤얼 테일러 콜리지Samuel Taylor Coleridge 26
<쿠빌라이 칸Kubla Khan>(새뮤얼 테일러 콜리지) 26
새뮤얼 퍼처스Samuel Purchas 28
생제르맹데프레성당Église Saint Germain des Prés 25
샤 자한Shah Jahan(무굴제국) 190
샤를 텍시에Charles Texier 18
선지자 아론Prophet Aaron 62
섬islands
로어노크Roanoke(미국 노스캐롤라이나) 82-89
에산베하나키타코지마エサンベ鼻北小島(일본) 116-119
투발루Tuvalu(남태평양) 214-217
세계관광기구World Tourism Organization(UNWTO) 216
세계무역기구World Trade Organization(WTO) 102
세계자연기금World Wildlife Fund(WWF) 201
수력 발전hydroelectricity
스청石城(중국) 99-103
플래그스태프Flagstaff(미국 메인) 129-135
수몰지submerged sites
마하발리푸람Mahabalipuram(인도) 40-43
스청石城(중국) 99-103
올드애더미너비Old Adaminaby(호주, 뉴사우스웨일스) 104-108
포트로열Port Royal(자메이카) 109-115
플래그스태프Flagstaff(미국 메인) 129-135
수에즈운하Suez Canal 142
수전 레이븐Susan Raven 64
스카라브레Skara Brae(영국 오크니제도) 184-189
스킵시Skipsea(영국 요크셔) 154-159
슬림스강Slims River(캐나다 유콘) 150-153
쓰나미tsunami(2004년) 40
시디야히아 모스크Sidi Yahia Mosque(말리 팀북투) 180
시몬 페르난데스Simon Fernandes 84
시미즈 히로시清水浩史 118
시우다드 페르디다Ciudad Perdida(콜롬비아) 34-39

ㅇ
아가 한Aga Khan 183
《아라비아 페트라 여행Voyage de l'Arabie Pétrée》(레옹 드 라보르드, 루이 리낭 드 벨퐁) 63
아랄해Aral Sea(우즈베키스탄) 8
아레타스 4세Aretas of Petra 59
아르키메데스Archimedes 72
아리스토텔레스Aristotle 68, 73
아서 바를로Arthur Barlowe 84
아시리아Assyria 16, 19, 54
아우구스티누스Augustine of Hippo 64
아틀란티스Atlantis 52, 180
아프리카내륙발견고취협회Association for Promoting the Discovery of the Interior Parts of Africa 60
알렉산드로스대왕Alexander the Great 69-71, 138
알렉산드리아Alexandria(이집트)
알렉산드리아 도서관Library of Alexandria 68
알렉산드리아 파로스 등대Pharos Lighthouse 68, 71
알베르 발뤼Albert Ballu 66
알베르토 루스 루이예Alberto Ruz Lhuillier 46
앨프리드 테니슨 경Lord Alfred Tennyson 180
야무나강Yamuna River(인도) 190-193
어니스트 F. 코Ernest F. Coe 164
에드워드 도일리Edward D'Oyley 112
에라토스테네스Eratosthenes 52
에버글레이즈Everglades(미국 플로리다) 160-167
에번 레빗Evan Leavitt 134
에산베하나키타코지마エサンベ鼻北小島(일본) 116-119

에이브러햄 링컨Abraham Lincoln 170
엘리자베스 1세Elizabeth I 82
《오디세이아Odysseia》(호메로스) 50
《오크니제도의 기후The Climate of Orkney》(매그너스 스펜스) 184
올드애더미너비Old Adaminaby(호주, 뉴사우스웨일스) 104-108
올리버 크롬웰Oliver Cromwell 110
왕가의 계곡Valley of the Kings(이집트) 12
요한 루트비히 부르크하르트Johann Ludwig Burckhardt 60
월터 롤리 경Sir Walter Raleigh 84
월터 와이먼Walter Wyman 133
윌리엄 그레이엄 와트William Graham Watt 188
윌리엄 셔먼 제닝스William Sherman Jennings 163
윌리엄 존 뱅크스William John Bankes 62
윌리엄 펜William Penn 110
유병충劉秉忠 32
유클리드Euclid 72
율리우스 카이사르Julius Caesar 73

ㅈ

잰 모리스Jan Morris 194
제바스티안 뮌스터Sebastian Münster 138
제임스 쿡James Cook 206
제임스 패러James Farrer 188
제퍼슨 데이비스Jefferson Davis 163
조반니 보노Giovanni Bono 194
조지 그리넬George Grinnell 170
조지 페트리George Petrie 188
조지프 뱅크스Joseph Banks 60
조지프 왓슨Joseph Wasson 126
조지프 처커Joseph Chalker 104
존 골딩엄John Goldingham 40
존 매슈스John Mathews 64
존 스미스John Smith 88
존 화이트John White 82, 86, 87
징게레베르 모스크Djinguereber Mosque(말리 팀북투) 182

ㅊ

찬찬Chan Chan(페루) 78-81
찰스 매슨Charles Masson 12
찰스 2세Charles II 113
찰스 N. 프레이Charles N. Pray 171
첸다오후千島湖(중국) 99-102
추나콜라 모스크Chunakhola Mosque(방글라데시 바게르하트) 93
치무문명Chimú civilization 78
치와와사막Chihuahuan Desert(멕시코/미국) 176-179
칭기즈칸Genghis Khan 31, 32

ㅋ

카라칼라Caracalla 23
카를 마르크스Karl Marx 142
카스토르쿠브뢰에에르상Castor Couvreux et Hersent 142
칸 자한 알리Khan Jahan Ali 90-92
코기족Kogi people 36-39
《코스모그라피아Cosmographia》(세바스티안 뮌스터) 138
콩고분지 열대우림Congo Basin Rainforest(콩고민주공화국) 200-205
쿠빌라이 칸Kubla Khan 31, 32
크레이그헤드 동굴Craighead Caverns(미국 테네시) 120-123
크리스토퍼 렌Christopher Wren 98
크리스토퍼 콜럼버스Christopher Columbus 111
클라우디우스 프톨레마이오스Claudius Ptolemy 73
클레오파트라 7세 필로파토르Cleopatra VII Philopator(이집트) 71
클로드 르메르Claude Lemaire 25
클로디어스애시Claudius Ash 94

ㅌ

타이로나Tayrona 37
타지마할Taj Mahal(인도 아그라) 190, 192
타카이나모Tacaynamo 78
탄전린譚震林 102
테러terrorism 25, 183
토머스 리Thomas Legh 62
투발루Tuvalu(남태평양) 214-217
투탕카멘Tutankhamun 12
트라야누스Trajan 64
팀 코넬Tim Cornell 64
팀가드Timgad(알제리) 64-67
팀북투Timbuktu(말리) 180-183

ㅍ

파칼대왕Pakal the Great 44-46
팔레론의 데메트리우스Demetrius of Phalerum 72
팔렝케Palenque(멕시코) 44-49
페니키아Phoenicia 20, 25
페드로 로렌소 데 라 나다Pedro Lorenzo de la Nada 46
페르시아Persia 19
페트라Petra(요르단) 54-63
포트로열Port Royal(자메이카) 109-115
프란시스코 피사로Francisco Pizarro 81
프랭클린 델라노 루스벨트Franklin Delano Roosevelt 164
프톨레마이오스 1세 소테르Ptolemy I Soter 71
플라톤Plato 68
플래그스태프Flagstaff(미국 메인) 129-135
플리트 감옥Fleet Prison(영국 런던) 97
필립 아다마스Philip Amadas 84

ㅎ

하드리아누스Hadrianos 73
하라파Harappa(파키스탄) 12
하워드 카터Howard Carter 12
하인리히 하이네Heinrich Heine 142
하투샤Hattusa(터키) 16-19
하투실리스 3세Hattusilis III(히타이트) 16
해리 트루먼Harry Truman 164
해양 민족Sea People 18
험프리 길버트 경Sir Humphrey Gilbert 82
헤로도토스Herodotus 182
헨리 모건Henry Morgan 110
헨리 3세Henry III 96
헬리케Helike(그리스) 50-53
호메로스Homerus 50
호레이쇼 넬슨Horatio Nelson 115
호수lakes
  로스트시Lost Sea(미국 테네시) 120-123
  첸다오후千島湖(중국) 99-102
후고 빙클러Hugo Winckler 18
휴 마윅Hugh Marwick 184
히타이트Hittite 16-19

사라져가는 장소들의 지도

초판 1쇄 인쇄 2022년 6월 15일
초판 1쇄 발행 2022년 6월 29일

지은이 트래비스 엘버러
옮긴이 성소희
펴낸이 이상훈
편집인 김수영
본부장 정진항
인문사회팀 권순범 김경훈
마케팅 김한성 조재성 박신영 조은별 김효진 임은비
경영지원 정혜진 엄세영

펴낸곳 (주)한겨레엔 www.hanibook.co.kr
등록 2006년 1월 4일 제313-2006-00003호
주소 서울시 마포구 창전로 70(신수동) 화수목빌딩 5층
전화 02) 6383-1602~3 팩스 02) 6383-1610
대표메일 book@hanien.co.kr

ISBN 979-11-6040-825-6 03980